全地形车辆手册

邹 渝 主编

西北工业大学出版社

西 安

【内容简介】 全地形车辆能够适应多种复杂环境,具有多样化的应用场景,有着广泛的市场前景。本手册系统梳理了贝迪系列、Hydratrek 系列、北极星系列、CAN-AM 系列、北极猫系列、西贝虎系列和嘉陵系列等典型全地形车辆,并对各型车辆简要情况进行了介绍,重点介绍了各车型技术指标,为全地形车辆论证、研制、试验、采购提供参考。

本手册可以作为全地形车辆论证人员的参考手册,为论证新型全地形车技术指标提供支撑,还可以为全地形车辆研制人员提供技术参考,为全地形车辆采购提供选型依据,同时,也可作为高校车辆工程专业学生的参考用书。

图书在版编目(CIP)数据

全地形车辆手册 / 邹渝主编. — 西安:西北工业大学出版社,2021.9
ISBN 978-7-5612-7936-6

Ⅰ.①全… Ⅱ.①邹… Ⅲ.①军用车辆-手册 Ⅳ.①TJ81-62

中国版本图书馆 CIP 数据核字 (2021) 第 187111 号

QUANDIXING CHELIANG SHOUCE
全 地 形 车 辆 手 册

责任编辑:华一瑾		策划编辑:杨 军	
责任校对:高茸茸		装帧设计:李 飞	

出版发行:西北工业大学出版社
通信地址:西安市友谊西路 127 号　　　　邮编:710072
电　　话:(029) 88491757,88493844
网　　址:www.nwpup.com
印 刷 者:兴平市博闻印务有限公司
开　　本:727 mm × 960 mm　　　1/16
印　　张:10.25
字　　数:173 千字
版　　次:2021 年 9 月第 1 版　　　2021 年 9 月第 1 次印刷
定　　价:48.00 元

《全地形车辆手册》
编写委员会

主编 邹 渝

主审 郑 然 罗建华

编者 张 伟 曾兴善 田应飞 李 胜

　　　 杨 帆 崔伟林 胡 波 刘 娟

　　　 唐远鹏 陈 勇 张 勇 起国云

前　言

　　全地形车辆具有良好的通过性，能够适应丛林、高原、沙漠、戈壁、丘陵等各种复杂环境，在救援、灭火、极限运动等领域有着广泛的应用。同时，良好的环境适应能力为各国防务机构青睐，甚至在军事行动中崭露头角。从近 10 年全地形车辆市场情况来看，整体市场前景比较广阔。目前，国内外全地形车辆种类、型号较多，性能各有差异。

　　本手册涵盖贝迪系列、北极星系列、超级猫系列、西贝虎系列、春风系列和嘉陵系列等典型全地形车辆，对其构造布局、基本情况、技术指标进行系统梳理，为全地形车辆论证、研制、试验、采购提供决策参考。

　　在编写本手册的过程中，得到了兵器装备集团嘉陵全域机动车辆有限公司、重庆理工大学、陆军装甲兵学院、陆军军医大学、陆军步兵学院和陆军研究院等单位的大力支持，在此表示感谢。西北工业大学出版社的编辑为本书出版付出了大量辛勤劳动，在此也表示衷心感谢。在成书过程中借鉴了各车型相关资料，对于保证本手册的系统性具有重要作用，在此一并对这些资料的作者致以深深敬意和由衷感谢。

　　由于水平有限，诚望广大读者能予以批评指正，以促进本书内容的不断丰富和完善。

编　者

2021 年 3 月

前　言

目　　录

第 1 章　贝迪系列全地形车 ·· 1

1.1　ARGO-750 HDi EU 全地形车 ·· 1

1.2　ARGO-AURORA 850 SX HUNTMASTER 全地形车 ·· 2

1.3　ARGO-AURORA 850 SX RESPONDER 全地形车 ·· 3

1.4　ARGO-AURORA 850 SX 全地形车 ·· 4

1.5　ARGO-AURORA 850 SX-R RESPONDER 全地形车 ·· 5

1.6　ARGO-AURORA 850 SX-R 全地形车 ·· 6

1.7　ARGO-AURORA 950 BIGFOOT MX8 全地形车 ·· 7

1.8　ARGO-AURORA 950 SX HUNTMASTER 全地形车 ·· 8

1.9　ARGO-AURORA 950 SX 全地形车 ·· 9

1.10　ARGO-AURORA 950 SX-R 全地形车 ·· 10

1.11　ARGO-Avenger 8×8 Hunt Master R 全地形车 ·· 11

1.12　ARGO-Avenger 8×8 Hunt Master X 全地形车 ·· 12

1.13　ARGO-Avenger 8×8 Hunt Master Z 全地形车 ·· 13

1.14　ARGO-Avenger 8×8 Hunt Master ZX 全地形车 ·· 14

1.15　ARGO-Avenger 8×8 Hunt Master 全地形车 ·· 15

1.16　ARGO-Avenger 8×8 LX 全地形车 ·· 16

1.17 ARGO−Avenger 8×8 S 全地形车···17

1.18 ARGO−Avenger 8×8 ST 全地形车··18

1.19 ARGO−Avenger 8×8 STR 全地形车··19

1.20 ARGO−Avenger 8×8 STX 全地形车··20

1.21 ARGO−Avenger 8×8 Responder 全地形车··21

1.22 ARGO−Avenger 8×8 Responder X 全地形车··22

1.23 ARGO−Conquest 800 Outfitter 全地形车··23

1.24 ARGO−Conquest 8×8 XTd 全地形车···24

1.25 ARGO−Conquest 8×8 XTi 全地形车··25

1.26 ARGO−Conquest 800 Outfitter XTi 全地形车·······································26

1.27 ARGO−Conquest 800 Outfitter XTi−Z 全地形车··································27

1.28 ARGO−Centaur 8×8 Utility 全地形车··28

1.29 ARGO−Conquest 8×8 Explorer XTd 全地形车·····································29

1.30 ARGO−Conquest 8×8 Explorer XTi 全地形车······································30

1.31 ARGO−Conquest 8×8 d 全地形车···31

1.32 ARGO−Conquest 8×8 i 全地形车··32

1.33 ARGO−Conquest 8×8 Lineman XTi 全地形车·······································33

1.34 ARGO−Conquest 950 Outfitter 全地形车··34

1.35 ARGO−Conquest PRO 800 XT 全地形车···35

1.36 ARGO−Conquest PRO 800 XT−L 全地形车···36

1.37 ARGO−Conquest PRO 800 XT−X 全地形车···37

1.38　ARGO-Conquest PRO 950 XT-L 全地形车 ……………………………38

1.39　ARGO-Conquest PRO 950 XT-X 全地形车 ……………………………39

1.40　ARGO-Frontier 8×8 Responder S 全地形车 ……………………………40

1.41　ARGO-Frontier 8×8 Scout S 全地形车 ……………………………41

1.42　ARGO-Frontier 8×8 S 全地形车 ……………………………42

1.43　ARGO-Frontier 650 8×8 S 全地形车 ……………………………43

1.44　ARGO-Frontier 700 8×8 全地形车 ……………………………44

1.45　ARGO-Frontier700 Scout 8×8 S 全地形车 ……………………………45

1.46　ARGO-Frontier 6×6 S 全地形车 ……………………………46

1.47　ARGO-Frontier 6×6 Scout S 全地形车 ……………………………47

1.48　ARGO-Frontier 6×6 Scout ST 全地形车 ……………………………48

1.49　ARGO-Frontier 6×6 ST 全地形车 ……………………………49

1.50　ARGO-Frontier 6×6 全地形车 ……………………………50

第 2 章　Hydratrek 系列全地形车 ……………………………51

2.1　Hydratrek-D2488B 全地形车 ……………………………51

2.2　Hydratrek-拖车全地形车 ……………………………52

2.3　Hydratrek-SMSS 全地形车 ……………………………53

2.4　Hydratrek-XA66 全地形车 ……………………………54

2.5　Hydratrek-XAB66 全地形车 ……………………………55

2.6　Hydratrek- XT 66 全地形车 ……………………………56

2.7　Hydratrek－LT 6×6 XHD 全地形车·····························57

2.8　Hydratrek－LT 8×8 XHD 全地形车·····························58

第3章　北极星系列全地形车·····································59

3.1　Polaris－2021 RZR 570 全地形车·····························59

3.2　Polaris－RZR XP Turbo S 全地形车·····························60

3.3　Polaris－2021 RZR XP4 1000 全地形车·····························61

3.4　Polaris－游侠 900 全地形车(6 座)·····························62

3.5　Polaris－将军 1000 全地形车(4 座)·····························63

3.6　Polaris－运动家 1000 旅行款全地形车·····························64

3.7　Polaris－运动家 570 双座旅行款全地形车·····················65

3.8　Polaris－剃刀 170 全地形车·····························66

3.9　Polaris－MRZR Alpha 2 全地形车·····························67

3.10　Polaris－MRZR Alpha 4 全地形车·····························68

3.11　Polaris－Sportsman MV 850 全地形车·····················69

3.12　Polaris－Dagor A1 全地形车·····························70

第4章　超级猫系列全地形车·····································72

4.1　SUPACAT－HMT 400 全地形车·····························72

4.2　SUPACAT－HMT 600 全地形车·····························73

4.3　SUPACAT－HMT Extenda 全地形车·····························75

4.4　SUPACAT-HMT LWR 全地形车……………………………………76

4.5　SUPACAT-ATMP 全地形车…………………………………………78

4.6　SUPACAT-LRV Platform 全地形车…………………………………80

4.7　SUPACAT-SPV 400 全地形车………………………………………82

第5章　CAN-AM 系列全地形车……………………………………………84

5.1　CAN-AM- COMMANDER DPS 1000R 全地形车…………………84

5.2　CAN-AM-DEFENDERX MR HD10 全地形车……………………85

5.3　CAN-AM-MAVERICK-X3 X RS TURBO RR 全地形车…………87

第6章　FNSS-Pars Ⅲ 8×8 全地形车……………………………………90

第7章　Flyer-60/72/M1288 全地形车……………………………………92

第8章　GMD-ISV 全地形车…………………………………………………94

第9章　Shaman-AR 3983 全地形车………………………………………95

第10章　Tinger 系列全地形车………………………………………………97

10.1　Tinger Track C500 全地形车………………………………………97

10.2　Tinger-W8 全地形车…………………………………………………98

第 11 章　北极猫系列全地形车 ·······································100

　11.1　Arctic Cat-Wild Cat XX 全地形车 ·······················100

　11.2　Arctic Cat-Prowler 全地形车 ·····························101

第 12 章　雅马哈系列全地形车 ·····································103

　12.1　YAMAHA-2021 YXZ1000R SS SE 全地形车 ·················103

　12.2　YAMAHA-2021 Viking VI EPS Ranch Edition 全地形车 ······104

　12.3　YAMAHA-2021 Wolverine RMAX4 1000 全地形车 ···········106

第 13 章　川崎 Kawasaki-2021 MULE SX 全地形车 ···············108

第 14 章　西贝虎系列全地形车 ·····································110

　14.1　XBH 6×6-2(A)水陆两栖全地形车 ·······················110

　14.2　XBH 6×6-1 水陆两栖全地形车 ···························111

　14.3　XBH 6×6-1 水陆两栖全地形履带车 ·····················112

　14.4　XBH 8×8-2 水陆两栖全地形车 ···························113

　14.5　XBH 8×8-2A 全地形车 ·································115

　14.6　XBH 8×8-3(A)水陆两栖全地形车 ·······················116

第 15 章　春风系列全地形车 ·······································117

　15.1　春风-ZFROCE 1000 SPORT 全地形车 ·····················117

15.2 春风-ZFORCE 550 EX 全地形车·····················118

15.3 春风-UFORCE 1000 全地形车·····················119

15.4 春风-CFORCE 450 L 全地形车·····················120

15.5 春风-CFORCE 625 TOURING 全地形车·····················121

15.6 春风-CFORCE 850 XC 全地形车·····················122

15.7 春风-CFORCE 1000 全地形车·····················123

第 16 章 环松系列全地形车·····················125

16.1 环松-HS1000UTV 全地形车·····················125

16.2 环松-HS1000UTV-2 全地形车·····················126

16.3 环松-HS1000UTV-3 全地形车·····················127

16.4 环松-HS1000UTV-4 全地形车·····················128

16.5 环松-HS800UTV-3 全地形车·····················129

16.6 环松-HS750UTV 全地形车·····················130

16.7 环松-HS700UTV-8 全地形车·····················131

16.8 环松-HS5DUTV 全地形车·····················132

16.9 环松-HS5DUTV-3 全地形车·····················133

16.10 环松-HS7DUTV-3 全地形车·····················134

16.11 环松-HS1000ATV 全地形车·····················135

16.12 环松-HS800ATV-2 全地形车·····················136

16.13 环松-HS750ATV 全地形车·····················137

16.14　环松-HS700ATV-8全地形车·····················138

16.15　环松-HS700ATV-4全地形车·····················139

16.16　环松-HS550ATV全地形车·······················140

16.17　环松-HS500ATV-4全地形车·····················141

16.18　环松-HS400ATV-7全地形车·····················142

第17章　嘉陵系列全地形车·····························143

17.1　嘉陵4×4-A全地形车····························143

17.2　嘉陵4×4-B全地形车····························144

17.3　嘉陵6×6-A混合动力全地形车····················145

17.4　嘉陵6×6-B混合动力全地形车····················146

17.5　嘉陵8×8全地形车······························147

第18章　林海系列全地形车·····························148

18.1　林海LH400CUV全地形车························148

18.2　林海LH700U全地形车··························149

18.3　林海LH800U-2D全地形车······················150

第1章　贝迪系列全地形车

1.1　ARGO-750 HDi EU 全地形车

ARGO-750 HDi EU 全地形车产自加拿大,构造布局见图1-1。该车型搭载 LH775 四冲程、V 型、双缸、汽油发动机,采用 8×8 轮式链轴驱动,运用电子点火及液体冷却技术,整车具备两栖通行能力。该车型陆地上的装载质量可达 454 kg,水上的装载质量为 386 kg,在陆地上可运输 6 位乘客,在水上可运送 4 位乘客,陆地牵引质量为 817 kg,同时可外挂橡胶履带,增强其越野通过性。ARGO-750 HDi EU 全地形车主要性能指标见表1-1。

▲ 图 1-1　ARGO-750 HDi EU 全地形车

表 1-1　ARGO-750 HDi EU 全地形车主要性能指标

序　号	项　目	主要参数
1	驱动方式	8×8轮式链轴驱动
2	发动机	22 kW,748,V型、双缸、汽油发动机
3	变速箱	CVT皮带无极变速
4	装载质量/kg	陆地:454/水上:386
5	乘员人数/人	陆地:6/水上:4
6	整车/(长×宽×高)/mm³	3 225×1 525×1 105
7	陆地最高车速/(km·h⁻¹)	32
8	水上航速/(km·h⁻¹)	5.5
9	使用环境温度/℃	−40~40
10	油箱容积/L	27
11	轮胎参数/in²	前/后轮:22×12.00-9 NHS

注:① 1cc=1mL ;② 1 in=2.54 cm。

1.2 ARGO-AURORA 850 SX HUNTMASTER 全地形车

ARGO-AURORA 850 SX HUNTMASTER 全地形车产自加拿大,构造布局见图1-2。该车型搭载V型、双缸、汽油发动机,采用8×8轮式链轴驱动,整车具备两栖通行能力,配置牵引绞盘。该车型整备质量为703 kg,陆地装载质量为458 kg,水上装载质量为322 kg,整车牵引质量为816 kg,绞盘牵引质量为1 500 kg,同时可外挂橡胶履带,增强其越野通过性。ARGO-AURORA 850 SX HUNTMASTER 全地形车主要性能指标见表1-2。

▲ 图1-2 ARGO-AURORA 850 SX HUNTMASTER 全地形车

表1-2 ARGO-AURORA 850 SX HUNTMASTER 全地形车主要性能指标

序 号	项 目	主要参数
1	驱动方式	8×8轮式链轴驱动
2	发动机	24.3 kW,V型、双缸、汽油发动机
3	整备质量/kg	703
4	装载质量/kg	陆地:458/水上:322
5	乘员人数/人	陆地:6/水上:4
6	牵引质量/kg	816
7	绞盘牵引质量/kg	1500
8	整车/(长×宽×高)/mm³	3 200×1 524×1 295
9	陆地最高车速/(km·h⁻¹)	39
10	水上航速/(km·h⁻¹)	5
11	最小离地间隙/mm	254
12	使用环境温度/℃	-40~40
13	油箱容积/L	27
14	轮胎参数/in	前/后轮:25×12-9

1.3　ARGO-AURORA 850 SX RESPONDER 全地形车

ARGO-AURORA 850 SX RESPONDER 全地形车产自加拿大,构造布局见图 1-3。该车型搭载 V 型、双缸、汽油发动机,采用 8×8 轮式链轴驱动,整车具备两栖通行能力,配置牵引绞盘。该车型整备质量为 723 kg,陆地装载质量为 436 kg,水上装载质量为 345 kg,整车牵引质量为 816 kg,绞盘牵引质量为 1 500 kg,同时搭载救援担架,拥有极强的实用性,可在泥泞、雪地等多种恶劣通行条件下实施救援。ARGO-AURORA 850 SX RESPONDER 全地形车主要性能指标见表 1-3。

▲ 图 1-3　ARGO-AURORA 850 SX RESPONDER 全地形车

表 1-3　ARGO-AURORA 850 SX RESPONDER 全地形车主要性能指标

序　号	项　　目	主要参数
1	驱动方式	8×8轮式链轴驱动
2	发动机	24.3 kW,V型、双缸、汽油发动机
3	变速箱	Admiral W/APS(ST/HT换挡)
4	装载质量/kg	陆地:436/水上:345
5	乘员人数/人	4
6	整备质量/kg	723
7	牵引质量/kg	816
8	绞盘牵引质量/kg	1 500
9	整车/(长×宽×高)/mm³	3 200×1 524×1 295
10	陆地最高车速/(km·h⁻¹)	32
11	水上航速/(km·h⁻¹)	5
12	最小离地间隙/mm	254
13	油箱容积/L	27
14	轮胎参数/in	前/后轮:25×12-9

1.4 ARGO-AURORA 850 SX 全地形车

ARGO-AURORA 850 SX 全地形车产自加拿大,构造布局见图1-4。该车型搭载V型、双缸、汽油发动机,采用8×8轮式链轴驱动,整车具备两栖通行能力,配置牵引绞盘。该车型整备质量为657 kg,陆地装载质量为499 kg,水上装载质量为363 kg,整车牵引质量为816 kg,绞盘牵引质量为1 500 kg,具有较强的灵活性。该车平台能搭配多种不同模块,拥有极强的多用途特性。ARGO-AURORA 850 SX 全地形车主要性能指标见表1-4。

▲ 图1-4 ARGO-AURORA 850 SX 全地形车

表1-4 ARGO-AURORA 850 SX 全地形车主要性能指标

序 号	项 目	主要参数
1	驱动方式	8×8轮式链轴驱动
2	发动机	24.3 kW,V型、双缸、汽油发动机
3	变速箱	Admiral W/APS(ST/HT换挡)
4	乘员人数/人	陆地:6/水上:4
5	整备质量/kg	657
6	装载质量/kg	陆地:499/水上:363
7	牵引质量/kg	816
8	绞盘牵引质量/kg	1500
9	整车/(长×宽×高)/mm³	3 200×1 524×1 295
10	陆地最高车速/(km·h⁻¹),轮式/履带	39/29
11	水上航速/(km·h⁻¹)	5
12	最小离地间隙/mm	254
13	油箱容积/L	27
14	轮胎参数/in	前/后轮:25×12-9

1.5　ARGO-AURORA 850 SX-R RESPONDER 全地形车

　　ARGO-AURORA 850 SX-R RESPONDER 全地形车产自加拿大,构造布局见图 1-5。该车型搭载 V 型、双缸、汽油发动机,采用 8×8 轮式链轴驱动,整车具备两栖通行能力,配置牵引绞盘。该车型整备质量为 827 kg,陆地装载质量为 322 kg,水上装载质量为 241 kg,整车牵引质量为 816 kg,绞盘牵引质量为 1 500 kg,具有较强的灵活性,同时搭配坚固稳定的内置担架和防护保护架,提高了车辆的救援适用性与安全性。ARGO-AURORA 850 SX-R RESPONDER 全地形车主要性能指标见表 1-5。

▲ 图 1-5　ARGO-AURORA 850 SX-R RESPONDER 全地形车

表 1-5　ARGO-AURORA 850 SX-R RESPONDER 全地形车主要性能指标

序　号	项　　目	主要参数
1	驱动方式	8×8 轮式链轴驱动
2	发动机	24.3 kW,V 型、双缸、汽油发动机
3	变速箱	Admiral W/APS(ST 换挡)
4	乘员人数/人	4
5	装载质量/kg	陆地:322/水上:241
6	整备质量/kg	827
7	牵引质量/kg	816
8	绞盘牵引质量/kg	1500
9	整车/(长×宽×高)/mm³	3 200×1 524×1 956
10	陆地最高车速/(km·h⁻¹),轮式	32
11	水上航速/(km·h⁻¹)	5
12	最小离地间隙/mm	254
13	油箱容积/L	27
14	轮胎参数/in	前/后轮:XT11725×12-9

1.6　ARGO-AURORA 850 SX-R 全地形车

ARGO-AURORA 850 SX-R 全地形车产自加拿大,构造布局见图1-6。该车型搭载 V 型、双缸、汽油发动机,采用8×8轮式链轴驱动,整车具备两栖通行能力。该车型整备质量为762 kg,陆地装载质量为395 kg,水上装载质量为285 kg,整车牵引质量为816 kg,绞盘牵引质量为1 500 kg,具有较强的灵活性,同时采用双排连座布置,可搭配多种不同模块配置和防护保护架装置,提高了车辆拓展适用性与安全性。ARGO-AURORA 850 SX-R 全地形车主要性能指标见表1-6。

▲ 图1-6　ARGO-AURORA 850 SX-R 全地形车

表1-6　ARGO-AURORA 850 SX-R 全地形车主要性能指标

序 号	项 目	主要参数
1	驱动方式	8×8轮式链轴驱动
2	发动机	24.3 kW,V型、双缸、汽油发动机
3	变速箱	Admiral W/APS(ST/HT换挡)
4	乘员人数/人	4
5	装载质量/kg	陆地:395/水上:285
6	整备质量/kg	762
7	牵引质量/kg	816
8	绞盘牵引质量/kg	1500
9	整车/(长×宽×高)/mm³	3 200×1 524×1 295
10	陆地最高车速/(km·h⁻¹),轮式/履带	39/29
11	水上航速/(km·h⁻¹)	5
12	最小离地间隙/mm	254
13	油箱容积/L	27
14	轮胎参数/in	前/后轮:XT11725×12-9

1.7　ARGO-AURORA 950 BIGFOOT MX8 全地形车

ARGO-AURORA 950 BIGFOOT MX8 全地形车产自加拿大,构造布局见图1-7。该车型搭载V型、双缸、汽油发动机,采用8×8轮式链轴驱动,整车具备两栖通行能力。该车型整备质量为672 kg,陆地装载质量为465 kg,水上装载质量为329 kg,整车牵引质量为816 kg,绞盘牵引质量为1 500 kg,具有较强的灵活性,同时采用双排连座布置,具有优异的地形通过能力。ARGO-AURORA 950 BIGFOOT MX8 全地形车主要性能指标见表1-7。

▲ 图1-7　ARGO-AURORA 950 BIGFOOT MX8 全地形车

表1-7　ARGO-AURORA 950 BIGFOOT MX8 全地形车主要性能指标

序　号	项　　目	主要参数
1	驱动方式	8×8轮式链轴驱动
2	发动机	24.3 kW、V型、双缸、汽油发动机
3	变速箱	Admiral W/APS(ST换挡)
4	乘员人数/人	4
5	装载质量/kg	陆地:465/水上:329
6	整备质量/kg	672
7	牵引质量/kg	816
8	绞盘牵引质量/kg	1 500
9	整车/(长×宽×高)/mm³	3 200×1 524×1 295
10	陆地最高车速/(km·h⁻¹),ST	39
11	水上航速/(km·h⁻¹)	5
12	最小离地间隙/mm	254
13	油箱容积/L	27
14	轮胎参数/in	前/后轮:XT11725×12-9

1.8 ARGO-AURORA 950 SX HUNTMASTER 全地形车

ARGO-AURORA 950 SX HUNTMASTER 全地形车产自加拿大,构造布局见图1-8。该车型搭载V型、双缸、汽油发动机,采用8×8轮式链轴驱动,整车具备两栖通行能力。该车型整备质量为708 kg,陆地装载质量为454 kg,水上装载质量为318 kg,整车牵引质量为816 kg,绞盘牵引质量为1 500 kg,具有较强的灵活性,同时采用单排连座布置,前部设置防撞梁与置物架,后部具有货物运输平台,利于使用拓展,具有优异的地形通过能力。ARGO-AURORA 950 SX HUNTMASTER 全地形车主要性能指标见表1-8。

▲ 图 1-8 ARGO-AURORA 950 SX HUNTMASTER 全地形车

表 1-8 ARGO-AURORA 950 SX HUNTMASTER 全地形车主要性能指标

序 号	项 目	主要参数
1	驱动方式	8×8轮式链轴驱动
2	发动机	29.4 kW、V型、双缸、汽油发动机
3	变速箱	Admiral W/APS（ST/HT换挡）
4	乘员人数/人	陆地:6/水上:4
5	装载质量/kg	陆地:454/水上:318
6	整备质量/kg	708
7	牵引质量/kg	816
8	绞盘牵引质量/kg	1 500
9	整车/(长×宽×高)/mm³	3 200×1 524×1 295
10	陆地最高车速/(km·h⁻¹),ST	40
11	陆地最高车速/(km·h⁻¹),HT	29
12	水上航速/(km·h⁻¹)	5
13	最小离地间隙/mm	254
14	油箱容积/L	27
15	轮胎参数/in	前/后轮:XT11725×12-9

1.9　ARGO-AURORA 950 SX 全地形车

ARGO-AURORA 950 SX 全地形车产自加拿大,构造布局见图1-9。该车型搭载V型、双缸、汽油发动机,采用8×8轮式链轴驱动,整车具备两栖通行能力。该车型整备质量为662 kg,陆地装载质量为494 kg,水上装载质量为385 kg,整车牵引质量为816 kg,绞盘牵引质量为1 500 kg,具有较强的灵活性,同时采用单排连座布置,后部具有货物运输平台,具有优异的地形通过能力。ARGO-AURORA 950 SX 全地形车主要性能指标见表1-9。

▲ 图 1-9　ARGO-AURORA 950 SX 全地形车

表 1-9　ARGO-AURORA 950 SX 全地形车主要性能指标

序　号	项　目	主要参数
1	驱动方式	8×8轮式链轴驱动
2	发动机	29.4 kW、V型、双缸、汽油发动机
3	变速箱	Admiral W/APS(ST/HT换挡)
4	乘员人数/人	陆地:6/水上:4
5	装载质量/kg	陆地:494/水上:358
6	整备质量/kg	662
7	牵引质量/kg	816
8	绞盘牵引质量/kg	1500
9	整车/(长×宽×高)/mm^3	3 023×1 524×1 295
10	陆地最高车速/(km · h^{-1}),ST	40
11	陆地最高车速/(km · h^{-1}),HT	29
12	水上航速/(km · h^{-1})	5
13	最小离地间隙/mm	257
14	油箱容积/L	27
15	轮胎参数/in	前/后轮:XT11725×12-9

1.10　ARGO-AURORA 950 SX-R 全地形车

ARGO-AURORA 950 SX-R 全地形车产自加拿大,构造布局见图1-10。该车型搭载V型、双缸、汽油发动机,采用8×8轮式链轴驱动,整车具备两栖通行能力。该车型整备质量为771 kg,陆地装载质量为385 kg,水上装载质量为294 kg,整车牵引质量为816 kg,绞盘牵引质量为1 500 kg,具有较强的灵活性,同时采用双排连座布置,能搭配多种不同模块,设置高安全防护架,具有较高的拓展能力与防护能力。ARGO-AURORA 950 SX-R 全地形车主要性能指标见表1-10。

▲ 图 1-10　ARGO-AURORA 950 SX-R 全地形车

表 1-10　ARGO-AURORA 950 SX-R 全地形车主要性能指标

序　号	项　目	主要参数
1	驱动方式	8×8轮式链轴驱动
2	发动机	29.4 kW,V型、双缸、汽油发动机
3	变速箱	Admiral W/APS(ST/HT换挡)
4	乘员人数/人	4
5	装载质量/kg	陆地:385/水上:249
6	整备质量/kg	771
7	牵引质量/kg	816
8	绞盘牵引质量/kg	1 500
9	整车/(长×宽×高)/mm³	3 023×1 524×1 956
10	陆地最高车速/(km·h⁻¹),ST/HT	40/29
11	水上航速/(km·h⁻¹)	5
12	最小离地间隙/mm	254
13	油箱容积/L	27
14	轮胎参数/in	前/后轮:XT11725×12-9

1.11　ARGO-Avenger 8×8 Hunt Master R 全地形车

ARGO-Avenger 8×8 Hunt Master R 全地形车产自加拿大,构造布局见图1-11。该车型搭载 V 型、双缸、液冷、电子喷射发动机,采用8×8轮式链轴驱动,整车具备两栖通行能力。该车型整备质量为676 kg,陆地装载质量为424 kg,水上装载质量为333 kg,整车牵引质量为816 kg,绞盘牵引质量为1 500 kg,具有较强的灵活性。同时采用单排连座布置,设置前部载物架和后部载物平台,具有较高的装载拓展能力与地形通过能力。ARGO-Avenger 8×8 Hunt Master R 全地形车主要性能指标见表1-11。

▲ 图1-11　ARGO-Avenger 8×8 Hunt Master R 全地形车

表1-11　ARGO-Avenger 8×8 Hunt Master R 全地形车主要性能指标

序　号	项　目	主要参数
1	驱动方式	8×8轮式链轴驱动
2	发动机	22 kW,V 型、双缸、液冷、电子喷射发动机
3	变速箱	CVT无极变速(STD/HT换挡)
4	乘员人数/人	陆地:6/水上:4
5	装载质量/kg	陆地:424/水上:333
6	整备质量/kg	676
7	牵引质量/kg	816
8	绞盘牵引质量/kg	1500
9	整车/(长×宽×高)/mm³	3 150×1 524×1 321
10	陆地最高车速/(km·h⁻¹)	32
11	水上航速/(km·h⁻¹)	5
12	轮式最小离地间隙/mm	240
13	油箱容积/L	27
14	轮胎参数/in	前/后轮:AT189 25×12.00-9NHS
15	使用环境温度/℃	全天候,-40~40

1.12 ARGO-Avenger 8×8 Hunt Master X 全地形车

ARGO-Avenger 8×8 Hunt Master X 全地形车产自加拿大,构造布局见图 1-12。该车型搭载 V 型、双缸、液冷、电子喷射发动机,采用 8×8 轮式链轴驱动,整车具备两栖通行能力。该车型整备质量为 678 kg,陆地装载质量为 411 kg,水上装载质量为 342 kg,整车牵引质量为 816 kg,绞盘牵引质量为 1 500 kg,具有较强的灵活性。同时采用单排连座布置,设置前部载物架和后部载物平台,具有较高的装载拓展能力与地形通过能力。ARGO-Avenger 8×8 Hunt Master X 全地形车主要性能指标见表 1-12。

▲ 图 1-12　ARGO-Avenger 8×8 Hunt Master X 全地形车

表 1-12　ARGO-Avenger 8×8 Hunt Master X 全地形车主要性能指标

序　号	项　目	主要参数
1	驱动方式	8×8轮式链轴驱动
2	发动机	22 kW,V型、双缸、液冷、电子喷射发动机
3	变速箱	CVT无极变速(HS换挡)
4	乘员人数/人	陆地:6/水上:4
5	装载质量/kg	陆地:411/水上:342
6	整备质量/kg	678
7	牵引质量/kg	816
8	绞盘牵引质量/kg	1 500
9	整车/(长×宽×高)/mm³	3 150×1 524×1 321
10	陆地最高车速/(km·h⁻¹),ST	40
11	陆地最高车速/(km·h⁻¹),HT	5
12	水上航速/(km·h⁻¹)	240
13	最小离地间隙/mm	265
14	油箱容积/L	27
15	轮胎参数/in	前/后轮:ARGO AT189 25×12.00-9NHS
16	使用环境温度/℃	全天候,−40~40

1.13　ARGO-Avenger 8×8 Hunt Master Z 全地形车

ARGO-Avenger 8×8 Hunt Master Z 全地形车产自加拿大,构造布局见图 1-13。该车型搭载 V 型、双缸、液冷、电子喷射发动机,采用 8×8 轮式链轴驱动,整车具备两栖通行能力。该车型整备质量为 687 kg,陆地装载质量为 411 kg,水上装载质量为 333 kg,整车牵引质量为 816 kg,绞盘牵引质量为 1 500 kg,具有较强的灵活性。同时采用单排连座布置,设置前部载物架和后部载物平台,具有较高的装载拓展能力与地形通过能力。ARGO-Avenger 8×8 Hunt Master Z 全地形车主要性能指标见表 1-13。

▲ 图 1-13　ARGO-Avenger 8×8 Hunt Master Z 全地形车

表 1-13　ARGO-Avenger 8×8 Hunt Master Z 全地形车主要性能指标

序　号	项　目	主要参数
1	驱动方式	8×8轮式链轴驱动
2	发动机	22 kW,V型、双缸、液冷、电子喷射发动机
3	变速箱	CVT无极变速(STD/HT换挡)
4	乘员人数/人	陆地:6/水上:4
5	装载质量/kg	陆地:411/水上:333
6	整备质量/kg	687
7	牵引质量/kg	816
8	绞盘牵引质量/kg	1 500
9	整车/(长×宽×高)/mm³	3 150×1 524×1 321
10	陆地最高车速/(km·h⁻¹),ST	32
11	水上航速/(km·h⁻¹)	5
12	轮式最小离地间隙/mm	240
13	履带式最小离地间隙/mm	265
14	油箱容积/L	27
15	轮胎参数/in	前/后轮:AT189 25×12.00-9NHS
16	使用环境温度/℃	全天候,-40~40

1.14 ARGO-Avenger 8×8 Hunt Master ZX 全地形车

ARGO-Avenger 8×8 Hunt Master ZX 全地形车产自加拿大,构造布局见图1-14。该车型搭载V型、双缸、液冷、电子喷射发动机,采用8×8轮式链轴驱动,整车具备两栖通行能力。该车型整备质量为703 kg,陆地装载质量为386 kg,水上装载质量为318 kg,整车牵引质量为816 kg,绞盘牵引质量为1500 kg,具有较强的灵活性。同时采用单排连座布置,设置前部载物架和后部载物平台,具有较高的装载拓展能力与地形通过能力。ARGO-Avenger 8×8 Hunt Master ZX 全地形车主要性能指标见表1-14。

▲ 图1-14 ARGO-Avenger 8×8 Hunt Master ZX 全地形车

表1-14 ARGO-Avenger 8×8 Hunt Master ZX 全地形车主要性能指标

序 号	项 目	主要参数
1	驱动方式	8×8轮式链轴驱动
2	发动机	22 kW,V型、双缸、液冷、电子喷射发动机
3	变速箱	CVT无极变速(HS换挡)
4	乘员人数/人	陆地:6/水上:4
5	装载质量/kg	陆地:386/水上:318
6	整备质量/kg	703
7	牵引质量/kg	816
8	绞盘牵引质量/kg	1 500
9	整车/(长×宽×高)/mm³	3 150×1 524×1 321
10	陆地最高车速/(km·h⁻¹)	40
11	水上航速/(km·h⁻¹)	5
12	轮式最小离地间隙/mm	240
13	履带式最小离地间隙/mm	265
14	油箱容积/L	27
15	轮胎参数/in	前/后轮:AT189 25×12.00-9NHS
16	使用环境温度/℃	全天候,-40~40

1.15　ARGO-Avenger 8×8 Hunt Master 全地形车

ARGO-Avenger 8×8 Hunt Master 全地形车产自加拿大,构造布局见图 1-15。该车型搭载 V 型、双缸、液冷、电子喷射发动机,采用 8×8 轮式链轴驱动,整车具备两栖通行能力。该车型整备质量为 676 kg,陆地装载质量为 424 kg,水上装载质量为 333 kg,整车牵引质量为 816 kg,绞盘牵引质量为 1 500 kg,具有较强的灵活性。同时采用单排连座布置,设置前部载物架和后部载物平台,具有较高的装载拓展能力与地形通过能力。ARGO-Avenger 8×8 Hunt Master 全地形车主要性能指标见表 1-15。

▲ 图 1-15　ARGO-Avenger 8×8 Hunt Master 全地形车

表 1-15　ARGO-Avenger 8×8 Hunt Master 全地形车主要性能指标

序　号	项　目	主要参数
1	驱动方式	8×8 轮式链轴驱动
2	发动机	22 kW,V 型、双缸、液冷、电子喷射发动机
3	变速箱	CVT 无极变速(STD/HT 换挡)
4	乘员人数/人	陆地:6/水上:4
5	装载质量/kg	陆地:424/水上:333
6	整备质量/kg	676
7	牵引质量/kg	816
8	绞盘牵引质量/kg	1 500
9	整车/(长×宽×高)/mm³	3 150×1 524×1 321
10	陆地最高车速/(km·h⁻¹)	32
11	水上航速/(km·h⁻¹)	5
12	轮式最小离地间隙/mm	240
13	履带式最小离地间隙/mm	265
14	油箱容积/L	27
15	轮胎参数/in	前/后轮:AT189 25×12.00-9NHS
16	使用环境温度/℃	全天候,-40~40

1.16　ARGO-Avenger 8×8 LX 全地形车

ARGO-Avenger 8×8 LX 全地形车产自加拿大,构造布局见图1-16。该车型搭载V型、双缸、液冷、电子喷射发动机,采用8×8轮式链轴驱动,整车具备两栖通行能力。该车型整备质量为635 kg,陆地装载质量为454 kg,水上装载质量为386 kg,整车牵引质量为816 kg,绞盘牵引质量为1 500 kg,具有较强的灵活性。同时采用单排连座布置,设置前部保护架,具有较高的运载拓展能力与地形通过能力。ARGO-Avenger 8×8 LX 全地形车主要性能指标见表1-16。

▲ 图1-16　ARGO-Avenger 8×8 LX 全地形车

表1-16　ARGO-Avenger 8×8 LX 全地形车主要性能指标

序　号	项　目	主要参数
1	驱动方式	8×8轮式链轴驱动
2	发动机	22 kW、V型、双缸、液冷、电子喷射发动机
3	变速箱	CVT无极变速(HS换挡)
4	乘员人数/人	陆地:6/水上:4
5	装载质量/kg	陆地:454/水上:386
6	整备质量/kg	635
7	牵引质量/kg	816
8	绞盘牵引质量/kg	1500
9	整车/(长×宽×高)/mm³	3 023×1 524×1 170
10	陆地最高车速/(km·h⁻¹)	40
11	水上航速(km·h⁻¹)	5
12	轮式最小离地间隙/mm	240
13	履带式最小离地间隙/mm	265
14	油箱容积/L	27
15	轮胎参数/in	前/后轮:AT189 25×12.00-9NHS
16	使用环境温度/℃	全天候,-40~40

1.17　ARGO-Avenger 8×8 S 全地形车

ARGO-Avenger 8×8 S 全地形车产自加拿大,构造布局见图 1-17。该车型搭载 V 型、双缸、液冷、电子喷射发动机,采用 8×8 轮式链轴驱动,整车具备两栖通行能力。该车型整备质量为 585 kg,陆地装载质量为 504 kg,水上装载质量为 436 kg,整车牵引质量为 816 kg,具有较强的灵活性。同时采用单排连座布置,具有较高的运载拓展能力与地形通过能力。ARGO-Avenger 8×8 S 全地形车主要性能指标见表 1-17。

▲ 图 1-17　ARGO-Avenger 8×8 S 全地形车

表 1-17　ARGO-Avenger 8×8 S 全地形车主要性能指标

序　号	项　目	主要参数
1	驱动方式	8×8轮式链轴驱动
2	发动机	22 kW,V型、双缸、液冷、电子喷射发动机
3	变速箱	CVT无极变速(STD/HT换挡)
4	乘员人数/人	陆地:6/水上:4
5	装载质量/kg	陆地:504/水上:436
6	整备质量/kg	585
7	牵引质量/kg	816
8	整车/(长×宽×高)/mm³	3 023×1 524×1 170
9	陆地最高车速/(km·h⁻¹)	32
10	水上航速/(km·h⁻¹)	5
11	轮式最小离地间隙/mm	240
12	履带式最小离地间隙/mm	265
13	油箱容积/L	27
14	轮胎参数/in	前/后轮:AT18925×12.00-9NHS
15	使用环境温度/℃	全天候,-40~40

1.18　ARGO-Avenger 8×8 ST 全地形车

ARGO-Avenger 8×8 ST 全地形车产自加拿大,构造布局见图1-18。该车型搭载V型、双缸、液冷、电子喷射发动机,采用8×8轮式链轴驱动,整车具备两栖通行能力。该车型整备质量为603kg,陆地装载质量为485 kg,水上装载质量为417 kg,整车牵引质量为816 kg,具有较强的灵活性。同时采用单排连座布置,具有较高的运载拓展能力与地形通过能力。ARGO-Avenger 8×8 ST 全地形车主要性能指标见表1-18。

▲ 图 1-18　ARGO-Avenger 8×8 ST 全地形车

表 1-18　ARGO-Avenger 8×8 ST 全地形车主要性能指标

序　号	项　目	主要参数
1	驱动方式	8×8轮式链轴驱动
2	发动机	22 kW、V型、双缸、液冷、电子喷射发动机
3	变速箱	CVT无极变速(STD/HT换挡)
4	乘员人数/人	陆地:6/水上:4
5	装载质量/kg	陆地:485/水上:417
6	整备质量/kg	603
7	牵引质量/kg	816
8	整车/(长×宽×高)/mm³	3 023×1 524×1 170
9	陆地最高车速/(km·h⁻¹)	32
10	水上航速/(km·h⁻¹)	5
11	轮式最小离地间隙/mm	240
12	履带式最小离地间隙/mm	265
13	油箱容积/L	27
14	轮胎参数/in	前/后轮:AT18925×12.00-9NHS
15	使用环境温度/℃	全天候,-40~40

1.19 ARGO-Avenger 8×8 STR 全地形车

ARGO-Avenger 8×8 STR 全地形车产自加拿大,构造布局见图1-19。该车型搭载V型、双缸、液冷、电子喷射发动机,采用8×8轮式链轴驱动,整车具备两栖通行能力。该车型整备质量为615 kg,陆地装载质量为474 kg,水上装载质量为406 kg,整车牵引质量为816 kg,具有较强的灵活性。同时采用单排连座布置,具有较高的运载拓展能力与地形通过能力。ARGO-Avenger 8×8 STR 全地形车主要性能指标见表1-19。

▲ 图1-19 ARGO-Avenger 8×8 STR 全地形车

表1-19 ARGO-Avenger 8×8 STR 全地形车主要性能指标

序 号	项 目	主要参数
1	驱动方式	8×8轮式链轴驱动
2	发动机	22 kW,V型、双缸、液冷、电子喷射发动机
3	变速箱	CVT无极变速(STD/HT换挡)
4	乘员人数/人	陆地:6/水上:4
5	装载质量/kg	陆地:474/水上:406
6	整备质量/kg	615
7	牵引质量/kg	816
8	绞盘牵引质量/kg	1 500
9	整车/(长×宽×高)/mm³	3 023×1 524×1 170
10	陆地最高车速/(km·h⁻¹)	32
11	水上航速/(km·h⁻¹)	5
12	轮式最小离地间隙/mm	240
13	履带式最小离地间隙/mm	265
14	油箱容积/L	27
15	轮胎参数/in	前/后轮:AT189 25×12.00-9NHS
16	使用环境温度/℃	全天候,-40~40

1.20 ARGO-Avenger 8×8 STX 全地形车

ARGO-Avenger 8×8 STX 全地形车产自加拿大,构造布局见图1-20。该车型搭载V型、双缸、液冷、电子喷射发动机,采用8×8轮式链轴驱动,整车具备两栖通行能力。该车型整备质量为619 kg,陆地装载质量为511 kg,水上装载质量为401 kg,整车牵引质量为816 kg,具有较强的灵活性。同时采用单排连座布置,具有较高的运载拓展能力与地形通过能力。ARGO-Avenger 8×8 STX 全地形车主要性能指标见表1-20。

▲ 图1-20 ARGO-Avenger 8×8 STX 全地形车

表1-20 ARGO-Avenger 8×8 STX 全地形车主要性能指标

序 号	项 目	主要参数
1	驱动方式	8×8轮式链轴驱动
2	发动机	22 kW、V型、双缸、液冷、电子喷射发动机
3	变速箱	CVT无极变速(HS,STD/HT换挡)
4	乘员人数/人	陆地:6/水上:4
5	装载质量/kg	陆地:511/水上:401
6	整备质量/kg	619
7	牵引质量/kg	816
8	整车/(长×宽×高)/mm³	3 023×1 524×1 170
9	陆地最高车速/(km·h⁻¹)	40
10	水上航速/(km·h⁻¹)	5
11	轮式最小离地间隙/mm	240
12	履带式最小离地间隙/mm	265
13	油箱容积/L	27
14	轮胎参数/in	前/后轮:AT18925×12.00-9NHS
15	使用环境温度/℃	全天候,-40~40

1.21　ARGO-Avenger 8×8 Responder 全地形车

ARGO-Avenger 8×8 Responder 全地形车产自加拿大,构造布局见图 1-21。该车型搭载 V 型、双缸、液冷、电子喷射发动机,采用 8×8 轮式链轴驱动,整车具备两栖通行能力。该车型整备质量为 658 kg,陆地装载质量为 431 kg,水上装载质量为 363 kg,整车牵引质量为 816 kg,具有较强的灵活性。同时采用单排座椅布置,加装照明警具,具有较高的功能拓展能力与地形通过能力。ARGO-Avenger 8×8 Responder 全地形车主要性能指标见表 1-21。

▲ 图 1-21　ARGO-Avenger 8×8 Responder 全地形车

表 1-21　ARGO-Avenger 8×8 Responder 全地形车主要性能指标

序　号	项　　目	主要参数
1	驱动方式	8×8轮式链轴驱动
2	发动机	22 kW,V型、双缸、液冷、电子喷射发动机
3	变速箱	CVT无极变速(STD/HT换挡)
4	乘员人数/人	陆地:6/水上:4
5	装载质量/kg	陆地:431/水上:363
6	整备质量/kg	658
7	牵引质量/kg	816
8	绞盘牵引质量/kg	1500
9	整车/(长×宽×高)/mm³	3 150×1 524×1 170
10	陆地最高车速/(km·h⁻¹)	32
11	水上航速/(km·h⁻¹)	5
12	轮式最小离地间隙/mm	240
13	履带式最小离地间隙/mm	265
14	油箱容积/L	27
15	轮胎参数/in	前/后轮:AT189 25×12.00-9NHS
16	使用环境温度/℃	全天候,−40~40

1.22　ARGO-Avenger 8×8 Responder X 全地形车

ARGO-Avenger 8×8 Responder X 全地形车产自加拿大,构造布局见图1-22。该车型搭载 V 型、双缸、液冷、电子喷射发动机,采用8×8轮式链轴驱动,整车具备两栖通行能力。该车型整备质量为658 kg,陆地装载质量为415 kg,水上装载质量为347 kg,整车牵引质量为816 kg,具有较强的灵活性。同时采用单排座椅布置,加装照明警具,具有较高的功能拓展能力与地形通过能力。ARGO-Avenger 8×8 Responder X 全地形车主要性能指标见表1-22。

▲ 图1-22　ARGO-Avenger 8×8 Responder X 全地形车

表1-22　ARGO-Avenger 8×8 Responder X 全地形车主要性能指标

序　号	项　　目	主要参数
1	驱动方式	8×8轮式链轴驱动
2	发动机	22 kW,V型、双缸、液冷、电子喷射发动机
3	变速箱	CVT无极变速(HS换挡)
4	乘员人数/人	陆地:6/水上:4
5	装载质量/kg	陆地:415/水上:347
6	整备质量/kg	658
7	牵引质量/kg	816
8	绞盘牵引质量/kg	1500
9	整车/(长×宽×高)/mm³	3 150×1 524×1 170
10	陆地最高车速/(km·h⁻¹)	40
11	水上航速/(km·h⁻¹)	5
12	轮式最小离地间隙/mm	240
13	履带式最小离地间隙/mm	265
14	油箱容积/L	27
15	轮胎参数/in	前/后轮:AT18925×12.00-9NHS
16	使用环境温度/℃	全天候,-40~40

1.23　ARGO-Conquest 800 Outfitter 全地形车

ARGO-Conquest 800 Outfitter 全地形车产自加拿大,构造布局见图 1-23。该车型搭载 V 型、双缸、液冷、电子喷射发动机,采用 8×8 轮式链轴驱动,整车具备两栖通行能力。该车型整备质量为 875 kg,陆地装载质量为 531 kg,水上装载质量为 312 kg,整车牵引质量为 907 kg,具有较强的灵活性。同时采用前后多座椅布置,设置前部载物架,具有较高的功能拓展能力与地形通过能力。ARGO-Conquest 800 Outfitter 全地形车主要性能指标见表 1-23。

▲ 图 1-23　ARGO-Conquest 800 Outfitter 全地形车

表 1-23　ARGO-Conquest 800 Outfitter 全地形车主要性能指标

序　号	项　目	主要参数
1	驱动方式	8×8 轮式链轴驱动
2	发动机	22 kW,V 型、双缸、液冷、电子喷射发动机
3	变速箱	Admiral(ST 换挡)
4	乘员人数/人	陆地:6/水上:2
5	装载质量/kg	陆地:531/水上:312
6	整备质量/kg	875
7	牵引质量/kg	907
8	绞盘牵引质量/kg	2 041
9	整车/(长×宽×高)/mm³	3 175×1 651×1 346
10	陆地最高车速/(km·h⁻¹)	27
11	水上航速/(km·h⁻¹)	3.2
12	轮式最小离地间隙/mm	254
13	履带式最小离地间隙/mm	279
14	油箱容积/L	36
15	轮胎参数/in	前/后轮:XT11925×12-9

1.24 ARGO-Conquest 8×8 XTd 全地形车

ARGO-Conquest 8×8 XTd 全地形车产自加拿大,构造布局见图1-24。该车型搭载直列、三缸、四冲程、电子喷射、柴油发动机,采用8×8轮式链轴驱动,整车具备两栖通行能力。该车型整备质量为857 kg,陆地装载质量为549 kg,水上装载质量为479 kg,整车牵引质量为907 kg,具有较强的灵活性。同时采用单排连体座椅布置,设置后部平台,具有较高的使用拓展能力与地形通过能力。ARGO-Conquest 8×8 XTd 全地形车主要性能指标见表1-24。

▲ 图1-24 ARGO-Conquest 8×8 XTd 全地形车

表1-24 ARGO-Conquest 8×8 XTd 全地形车主要性能指标

序 号	项 目	主要参数
1	驱动方式	8×8轮式链轴驱动
2	发动机	17.6 kW,直列、三缸、四冲程、电子喷射、柴油发动机
3	变速箱	CVT(STD换挡)
4	乘员人数/人	2
5	装载质量/kg	陆地:549/水上:479
6	整备质量/kg	857
7	牵引质量/kg	907
8	绞盘牵引质量/kg	2 041
9	整车/(长×宽×高)/mm³	3 106×1 651×1 245
10	陆地最高车速/(km·h⁻¹)	27
11	水上航速/(km·h⁻¹)	5
12	轮式最小离地间隙/mm	230
13	履带式最小离地间隙/mm	255
14	油箱容积/L	27
15	轮胎参数/in	前/后轮:AT18925×12.00-9NHS
16	使用环境温度/℃	全天候,-40~40

1.25 ARGO-Conquest 8×8 XTi 全地形车

ARGO-Conquest 8×8 XTi 全地形车产自加拿大,构造布局见图1-25。该车型搭载V型、双缸、液冷、电子喷射发动机,采用8×8轮式链轴驱动,整车具备两栖通行能力。该车型整备质量为789 kg,陆地装载质量为617 kg,水上装载质量为386 kg,整车牵引质量为907 kg,具有较强的灵活性。同时采用单排连体座椅布置,设置后部平台,具有较高的使用拓展能力与地形通过能力。ARGO-Conquest 8×8 XTi 全地形车主要性能指标见表1-25。

▲ 图1-25 ARGO-Conquest 8×8 XTi 全地形车

表1-25 ARGO-Conquest 8×8 XTi 全地形车主要性能指标

序 号	项 目	主要参数
1	驱动方式	8×8轮式链轴驱动
2	发动机	22 kW、V型、双缸、液冷、电子喷射发动机
3	变速箱	CVT无极变速(STD换挡)
4	乘员人数/人	2
5	装载质量/kg	陆地:617/水上:386
6	整备质量/kg	789
7	牵引质量/kg	907(2 000 lb①)
8	绞盘牵引质量/kg	2 041
9	整车/(长×宽×高)/mm³	3 106×1 651×1 245
10	陆地最高车速/(km·h⁻¹)	27
11	水上航速/(km·h⁻¹)	5
12	轮式最小离地间隙/mm	230
13	履带式最小离地间隙/mm	255
14	油箱容积/L	27
15	轮胎参数/in	前/后轮:AT18925×12.00-9NHS
16	使用环境温度/℃	全天候、-40~40

①1 lb=0.454 kg。

1.26　ARGO-Conquest 800 Outfitter XTi 全地形车

ARGO-Conquest 800 Outfitter XTi 全地形车产自加拿大,构造布局见图
1-26。该车型搭载 V 型、双缸、液冷、电子喷射发动机,采用 8×8 轮式链轴驱
动,整车具备两栖通行能力。该车型整备质量为 862 kg,陆地装载质量为 545
kg,水上装载质量为 318 kg,整车牵引质量为 907 kg,具有较强的灵活性。同时
采用前后多座椅布置,设置前部载物架,具有较高的功能拓展能力与地形通
过能力。ARGO-Conquest 800 Outfitter XTi 全地形车主要性能指标见表 1-26。

▲ 图 1-26　ARGO-Conquest 800 Outfitter XTi 全地形车

表 1-26　ARGO-Conquest 800 Outfitter XTi 全地形车主要性能指标

序　号	项　目	主要参数
1	驱动方式	8×8轮式链轴驱动
2	发动机	22 kW,V型、双缸、液冷、电子喷射发动机
3	变速箱	CVT无极变速(STD换挡)
4	乘员人数/人	陆地:6/水上:2
5	装载质量/kg	陆地:545/水上:318
6	整备质量/kg	862
7	牵引质量/kg	907
8	绞盘牵引质量/kg	2 041
9	整车/(长×宽×高)/mm^3	3 106×1 651×1 245
10	陆地最高车速/(km·h^{-1})	27
11	水上航速/(km·h^{-1})	5
12	轮式最小离地间隙/mm	230
13	履带式最小离地间隙/mm	255
14	油箱容积/L	27
15	轮胎参数/in	前/后轮:AT18925×12.00-9NHS
16	使用环境温度/℃	全天候,-40~40

1.27　ARGO-Conquest 800 Outfitter XTi-Z 全地形车

ARGO-Conquest 800 Outfitter XTi-Z 全地形车产自加拿大,构造布局见图 1-27。该车型搭载 V 型、双缸、液冷、电子喷射发动机,采用 8×8 轮式链轴驱动,整车具备两栖通行能力。该车型整备质量为 866 kg,陆地装载质量为 540 kg,水上装载质量为 313 kg,整车牵引质量为 907 kg,具有较强的灵活性。同时采用前后多座椅布置,设置前部载物架,具有较高的功能拓展能力与地形通过能力。ARGO-Conquest 800 Outfitter XTi-Z 全地形车主要性能指标见表 1-27。

▲ 图 1-27　ARGO-Conquest 800 Outfitter XTi-Z 全地形车

表 1-27　ARGO-Conquest 800 Outfitter XTi-Z 全地形车主要性能指标

序　号	项　目	主要参数
1	驱动方式	8×8轮式链轴驱动
2	发动机	22 kW,V型、双缸、液冷、电子喷射发动机
3	变速箱	CVT无极变速(STD换挡)
4	乘员人数/人	陆地:6/水上:2
5	装载质量/kg	陆地:540/水上:313
6	整备质量/kg	866
7	牵引质量/kg	907
8	绞盘牵引质量/kg	2 041
9	整车/(长×宽×高)/mm³	3 106×1 651×1 245
10	陆地最高车速/(km·h⁻¹)	27
11	水上航速/(km·h⁻¹)	5
12	轮式最小离地间隙/mm	230
13	履带式最小离地间隙/mm	255
14	油箱容积/L	27
15	轮胎参数/in	前/后轮:AT18925×12.00-9NHS
16	使用环境温度/℃	全天候,−40~40

1.28 ARGO-Centaur 8×8 Utility 全地形车

ARGO-Centaur8×8 Utility 全地形车产自加拿大,构造布局见图1-28。该车结合卡车、全地形车和雪地摩托等交通工具的一些特点,采用8×8轮式链轴驱动,半封闭驾驶舱设计,可搭载3种动力平台。该车型整备质量为950 kg,陆地装载质量为8×8 Utility680 kg,水上装载质量为8×8 Utility320 kg,整车牵引质量为8×8 Utility907 kg,具有较强的灵活性和多功能性。ARGO-Centaur 8×8 Utility 全地形车主要性能指标见表1-28。

▲ 图 1-28 ARGO-Centaur 8×8 Utility 全地形车

表 1-28 ARGO-Centaur 8×8 Utility 全地形车主要性能指标

序　号	项　　目	主要参数
1	三种动力总成	V2001G、V2001D、V2001DT
	V2001G	额定功率22 kW,直列、三缸、四冲程、液冷汽油发动机
	V2001D	额定功率19 kW,直列、三缸、四冲程、液冷柴油发动机
	V2001DT	额定功率22.8 kW,直列、三缸、四冲程、涡轮增压柴油发动机
2	驱动方式	8×8轮式链轴驱动
3	变速箱	CVT无极变速
4	乘员人数/人	2
5	装载质量/kg	陆地:680/水上:320
6	整备质量/kg	950
7	牵引质量/kg	907
8	绞盘牵引质量/kg	1 500
9	整车/(长×宽×高)/mm³	3 023×1 524×1 170
10	陆地最高车速/(km·h⁻¹)	45
11	水上航速/(km·h⁻¹)	4
12	轮式最小离地间隙/mm	200
13	油箱容积/L	27
14	轮胎参数/in	前/后轮:AT25×11.50-9 NHS
15	使用环境温度/℃	全天候,−40~40

1.29　ARGO-Conquest 8×8 Explorer XTd 全地形车

ARGO-Conquest 8×8 Explorer XTd 全地形车产自加拿大,构造布局见图 1-29。该车型搭载直列、三缸、液冷、柴油发动机,采用 8×8 轮式链轴驱动,配置防翻滚架、挡风玻璃、雨刮器、顶棚、箱式货箱,整车具备两栖通行能力。该车型整备质量为 996 kg,陆地装载质量为 411 kg,水上装载质量为 287 kg,整车牵引质量为 907 kg,具有较高的运载拓展能力与较高的防护能力。ARGO-Conquest 8×8 Explorer XTd 全地形车主要性能指标见表 1-29。

▲ 图 1-29　ARGO-Conquest 8×8 Explorer XTd 全地形车

表 1-29　ARGO-Conquest 8×8 Explorer XTd 全地形车主要性能指标

序　号	项　目	主要参数
1	驱动方式	8×8轮式链轴驱动
2	发动机	17.6kW,直列、三缸、液冷、柴油发动机
3	变速箱	CVT无极变速(STD换挡)
4	乘员人数/人	2
5	装载质量/kg	陆地:411/水上:287
6	整备质量/kg	996
7	牵引质量/kg	907(2000 lb)
8	绞盘牵引质量/kg	2 041
9	整车/(长×宽×高)/mm³	3 360×1 651×2 007
10	陆地最高车速/(km·h⁻¹)	27
11	水上航速/(km·h⁻¹),	5
12	轮式最小离地间隙/mm	230
13	履带式最小离地间隙/mm	255
14	油箱容积/L	27
15	轮胎参数/in	前/后轮:AT18925×12.00-9NHS
16	使用环境温度/℃	全天候,-40~40

1.30   ARGO-Conquest 8×8 Explorer XTi 全地形车

ARGO-Conquest 8×8 Explorer XTi 全地形车产自加拿大,构造布局见图1-30。该车型搭载 V 型、双缸、电子喷射、汽油发动机,采用8×8轮式链轴驱动,配置防翻滚架、挡风玻璃、雨刮器、顶棚、箱式货箱,整车具备两栖通行能力。该车型整备质量为 928 kg,陆地装载质量为 479 kg,水上装载质量为 335 kg,整车牵引质量为 907 kg,具有较高的运载拓展能力与较高的防护能力。ARGO-Conquest 8×8 Explorer XTi 全地形车主要性能指标见表1-30。

▲ 图 1-30   ARGO-Conquest 8×8 Explorer XTi 全地形车

表 1-30   ARGO-Conquest 8×8 Explorer XTi 全地形车主要性能指标

序 号	项 目	主要参数
1	驱动方式	8×8轮式链轴驱动
2	发动机	22.4 kW,V型、双缸、液冷、汽油发动机
3	变速箱	CVT无极变速(STD换挡)
4	乘员人数/人	2
5	装载质量/kg	陆地:479/水上:335
6	整备质量/kg	928
7	牵引质量/kg	907
8	绞盘牵引质量/kg	2 041
9	整车/(长×宽×高)/mm³	3 360×1 651×2 007
10	陆地最高车速/(km·h⁻¹)	27
11	水上航速/(km·h⁻¹)	5
12	轮式最小离地间隙/mm	230
13	履带式最小离地间隙/mm	255
14	油箱容积/L	27
15	轮胎参数/in	前/后轮:AT18925×12.00-9NHS
16	使用环境温度/℃	全天候,-40~40

1.31　ARGO-Conquest 8×8 d 全地形车

ARGO-Conquest 8×8 d 全地形车产自加拿大,构造布局见图 1-31。该车型搭载直列、三缸、液冷、柴油发动机,采用 8×8 轮式链轴驱动,整车具备两栖通行能力。该车型整备质量为 816 kg,陆地装载质量为 590 kg,水上装载质量为 363 kg,整车牵引质量为 907 kg,具有较强的灵活性。同时采用单排连体座椅布置,设置后部平台,具有较高的使用拓展能力与地形通过能力。ARGO-Conquest 8×8 d 全地形车主要性能指标见表 1-31。

▲ 图 1-31　ARGO-Conquest 8×8 d 全地形车

表 1-31　ARGO-Conquest 8×8 d 全地形车主要性能指标

序　号	项　目	主要参数
1	驱动方式	8×8 轮式链轴驱动
2	发动机	17.6 kW,直列、三缸、液冷、柴油发动机
3	变速箱	CVT 无极变速(STD 换挡)
4	乘员人数/人	2
5	装载质量/kg	陆地:590/水上:363
6	整备质量/kg	816
7	牵引质量/kg	907
8	整车/(长×宽×高)/mm³	3 106×1 651×1 245
9	陆地最高车速/(km·h⁻¹)	27
10	水上航速/(km·h⁻¹)	5
11	轮式最小离地间隙/mm	230
12	履带式最小离地间隙/mm	255
13	油箱容积/L	27
14	轮胎参数/in	前/后轮:AT18925×12.00-9NHS
15	使用环境温度℃	全天候,−40~40

1.32　ARGO-Conquest 8×8 i 全地形车

ARGO-Conquest 8×8 i 全地形车产自加拿大,构造布局见图1-32。该车型搭载V型、双缸、电子喷射、汽油发动机,采用8×8轮式链轴驱动,整车具备两栖通行能力。该车型整备质量为816 kg,陆地装载质量为658 kg,水上装载质量为431 kg,整车牵引质量为907 kg,具有较强的灵活性。同时采用单排连体座椅布置,设置后部平台,具有较高的使用拓展能力与地形通过能力。ARGO-Conquest 8×8 i 全地形车主要性能指标见表1-32。

▲ 图1-32　ARGO-Conquest 8×8 i 全地形车

表1-32　ARGO-Conquest 8×8 i 全地形车主要性能指标

序　号	项　目	主要参数
1	驱动方式	8×8轮式链轴驱动
2	发动机	22.4 kW,V型、双缸、液冷、汽油发动机
3	变速箱	CVT无极变速(STD换挡)
4	乘员人数/人	2
5	装载质量/kg	陆地:658/水上:431
6	整备质量/kg	748
7	牵引质量/kg	907
8	整车/(长×宽×高)/mm³	3 106×1 651×1 245
9	陆地最高车速/(km·h⁻¹)	27
10	水上航速/(km·h⁻¹)	5
11	轮式最小离地间隙/mm	230
12	履带式最小离地间隙/mm	255
13	油箱容积/L	27
14	轮胎参数/in	前/后轮:AT18925×12.00-9NHS
15	使用环境温度/℃	全天候,−40~40

1.33   ARGO-Conquest 8×8 Lineman XTi 全地形车

ARGO-Conquest 8×8 Lineman XTi 全地形车产自加拿大,构造布局见图 1-33。该车型搭载 V 型、双缸、电子喷射、汽油发动机,采用 8×8 轮式链轴驱动,配置防翻滚架、挡风玻璃、雨刮器、顶棚、防护网、警示灯具,整车具备两栖通行能力。该车型整备质量为 953 kg,陆地装载质量为 454 kg,水上装载质量为 318 kg,整车牵引质量为 907 kg,具有较高的使用拓展能力与较高的防护能力。ARGO-Conquest 8×8 Lineman XTi 全地形车主要性能指标见表 1-33。

▲ 图 1-33   ARGO-Conquest 8×8 Lineman XTi 全地形车

表 1-33   ARGO-Conquest 8×8 Lineman XTi 全地形车主要性能指标

序 号	项 目	主要参数
1	驱动方式	8×8 轮式链轴驱动
2	发动机	22.4 kW,V 型、双缸、液冷、汽油发动机
3	变速箱	CVT 无极变速(STD 换挡)
4	乘员人数/人	2
5	装载质量/kg	陆地:454/水上:318
6	整备质量/kg	953
7	牵引质量/kg	907
8	绞盘牵引质量/kg	2 041
9	整车/(长×宽×高)/mm³	3 160×1 651×2 007
10	陆地最高车速/(km·h⁻¹)	27
11	水上航速/(km·h⁻¹)	5
12	轮式最小离地间隙/mm	230
13	履带式最小离地间隙/mm	255
14	油箱容积/L	27
15	轮胎参数/in	前/后轮:AT18925×12.00-9NHS
16	使用环境温度/℃	全天候,−40~40

1.34 ARGO-Conquest 950 Outfitter 全地形车

ARGO-Conquest 950 Outfitter 全地形车产自加拿大,构造布局见图1-34。该车型搭载V型、双缸、风冷发动机,采用8×8轮式链轴驱动,整车具备两栖通行能力。该车型整备质量为875 kg,陆地装载质量为531 kg,水上装载质量为213 kg,整车牵引质量为907 kg,具有较强的灵活性。同时采用前后多座椅布置,设置前部载物架,具有较高的功能拓展能力与地形通过能力。ARGO-Conquest 950 Outfitter 全地形车主要性能指标见表1-34。

▲ 图1-34 ARGO-Conquest 950 Outfitter 全地形车

表1-34 ARGO-Conquest 950 Outfitter 全地形车主要性能指标

序 号	项 目	主要参数
1	驱动方式	8×8轮式链轴驱动
2	发动机	29.4kW,V型、双缸、风冷发动机
3	变速箱	Admiral(ST换挡)
4	乘员人数/人	陆地:6/水上:2
5	装载质量/kg	陆地:531/水上:213
6	整备质量/kg	875
7	牵引质量/kg	907
8	绞盘牵引质量/kg	2 041
9	整车/(长×宽×高)/mm³	3 175×1 651×1 346
10	陆地最高车速/(km·h⁻¹)	27
11	水上航速/(km·h⁻¹)	3.2
12	轮式最小离地间隙/mm	254
13	履带式最小离地间隙/mm	279
14	油箱容积/L	36
15	轮胎参数/in	前/后轮:AT18925×12.00-9

1.35 ARGO-Conquest PRO 800 XT 全地形车

ARGO-Conquest PRO 800 XT 全地形车产自加拿大,构造布局见图 1-35。该车型搭载 V 型、双缸、电子喷射、汽油发动机,采用 8×8 轮式链轴驱动,整车具备两栖通行能力。该车型整备质量为 787 kg,陆地装载质量为 680 kg,水上装载质量为 392 kg,整车牵引质量为 907 kg,具有较强的灵活性。同时采用单排连体座椅布置,设置后部平台,具有较高的使用拓展能力与地形通过能力。ARGO-Conquest PRO 800 XT 全地形车主要性能指标见表 1-35。

▲ 图 1-35 ARGO-Conquest PRO 800 XT 全地形车

表 1-35 ARGO-Conquest PRO 800 XT 全地形车主要性能指标

序 号	项 目	主要参数
1	驱动方式	8×8 轮式链轴驱动
2	发动机	22.4 kW,V 型、双缸、液冷、汽油发动机
3	变速箱	Admiral(ST 换挡)
4	乘员人数/人	2
5	装载质量/kg	陆地:680/水上:392
6	整备质量/kg	787
7	牵引质量/kg	907
8	绞盘牵引质量/kg	2 041
9	整车/(长×宽×高)/mm³	3 175×1 651×1 245
10	陆地最高车速/(km·h⁻¹)	27
11	水上航速/(km·h⁻¹)	3.2
12	轮式最小离地间隙/mm	229
13	履带式最小离地间隙/mm	254
14	油箱容积/L	36
15	轮胎参数/in	XT11925×12-9

1.36　ARGO-Conquest PRO 800 XT-L 全地形车

ARGO-Conquest PRO 800 XT-L全地形车产自加拿大,构造布局见图1-36。该车型搭载V型、双缸、电子喷射、汽油发动机,采用8×8轮式链轴驱动,配置防翻滚架、顶棚、防护网,整车具备两栖通行能力。该车型整备质量为928 kg,陆地装载质量为540 kg,水上装载质量为348 kg,整车牵引质量为907 kg,具有较高的使用拓展能力与较高的防护能力。ARGO-Conquest PRO 800 XT-L全地形车主要性能指标见表1-36。

▲ 图1-36　ARGO-Conquest PRO 800 XT-L 全地形车

表1-36　ARGO-Conquest PRO 800 XT-L 全地形车主要性能指

序　号	项　目	主要参数
1	驱动方式	8×8轮式链轴驱动
2	发动机	22.4 kW,V型、双缸、液冷、汽油发动机
3	变速箱	Admiral(ST换挡)
4	乘员人数/人	2
5	装载质量/kg	陆地:540/水上:348
6	整备质量/kg	928
7	牵引质量/kg	907
8	绞盘牵引质量/kg	2 041
9	整车/(长×宽×高)/mm³	3 175×1 651×2 045
10	陆地最高车速/(km·h⁻¹)	27
11	轮式最小离地间隙/mm	229
12	履带式最小离地间隙/mm	254
13	油箱容积/L	36
14	轮胎参数/in	前/后轮:XT11925×12-9

1.37　ARGO-Conquest PRO 800 XT-X 全地形车

ARGO-Conquest PRO 800 XT-X 全地形车产自加拿大,构造布局见图 1-37。该车型搭载 V 型、双缸、电子喷射、汽油发动机,采用 8×8 轮式链轴驱动,配置防翻滚架、顶棚、防护网,尾部设置板式货箱。该车型整备质量为 937 kg,装载质量为 531 kg,整车牵引质量为 907 kg,具有较高的使用拓展能力与较高的防护能力。ARGO-Conquest PRO 800 XT-X 全地形车主要性能指标见表 1-37。

▲ 图 1-37　ARGO-Conquest PRO 800 XT-X 全地形车

表 1-37　ARGO-Conquest PRO 800 XT-X 全地形车主要性能指标

序　号	项　目	主要参数
1	驱动方式	8×8轮式链轴驱动
2	发动机	22.4kW,V型、双缸、液冷、汽油发动机
3	变速箱	Admiral(ST换挡)
4	乘员人数/人	2
5	装载质量/kg	531
6	整备质量/kg	937
7	牵引质量/kg	907
8	绞盘牵引质量/kg	2041
9	整车/(长×宽×高)/mm³	3 175×1 651×2 045
10	陆地最高车速/(km·h⁻¹)	27
11	轮式最小离地间隙/mm	229
12	履带式最小离地间隙/mm	254
13	油箱容积/L	36
14	轮胎参数/in	前/后轮:XT11925×12-9

1.38 ARGO-Conquest PRO 950 XT-L 全地形车

ARGO-Conquest PRO 950 XT-L全地形车产自加拿大,构造布局见图1-38。该车型搭载V型、双缸、风冷、汽油发动机,采用8×8轮式链轴驱动,整车具备两栖通行能力。该车型整备质量为859 kg,陆地装载质量为459 kg,水上装载质量为231 kg,整车牵引质量为907 kg,具有较强的灵活性。同时采用单排连体座椅布置,设置后部平台,具有较高的使用拓展能力与地形通过能力。ARGO-Conquest PRO 950 XT-L全地形车主要性能指标见表1-38。

▲ 图1-38 ARGO-Conquest PRO 950 XT-L 全地形车

表1-38 ARGO-Conquest PRO 950 XT-L 全地形车主要性能指标

序 号	项 目	主要参数
1	驱动方式	8×8轮式链轴驱动
2	发动机	29.4 kW,V型、双缸、风冷、汽油发动机
3	变速箱	Admiral(ST换挡)
4	乘员人数/人	2
5	装载质量/kg	陆地:459/水上:231
6	整备质量/kg	859
7	牵引质量/kg	907
8	绞盘牵引质量/kg	2 041
9	整车/(长×宽×高)/mm³	3 175×1 651×1 245
10	陆地最高车速/(km·h⁻¹)	27
11	水上航速/(km·h⁻¹)	3.2
12	轮式最小离地间隙/mm	229
13	履带式最小离地间隙/mm	254
14	油箱容积/L	36
15	轮胎参数/in	前/后轮:XT11925×12-9

1.39　ARGO-Conquest PRO 950 XT-X 全地形车

ARGO-Conquest PRO 950 XT-X 全地形车产自加拿大,构造布局见图 1-39。该车型搭载 V 型、双缸、风冷、汽油发动机,采用 8×8 轮式链轴驱动,配置防翻滚架、顶棚、防护网,尾部设置板式货箱。该车型整备质量为 1 021 kg,装载质量为 385 kg,整车牵引质量为 907 kg,具有较高的使用拓展能力与较高的防护能力。ARGO-Conquest PRO 950 XT-X 全地形车主要性能指标见表 1-39。

▲ 图 1-39　ARGO-Conquest PRO 950 XT-X 全地形车

表 1-39　ARGO-Conquest PRO 950 XT-X 全地形车主要性能指标

序　号	项　　目	主要参数
1	驱动方式	8×8轮式链轴驱动
2	发动机	29.4 kW,(40 hp),V 型、双缸、风冷、汽油发动机
3	变速箱	Admiral(ST换挡)
4	乘员人数/人	2
5	装载质量/kg	385
6	整备质量/kg	1 021
7	牵引质量/kg	907
8	绞盘牵引质量/kg	2 041
9	整车/(长×宽×高)/mm³	3 175×1 651×2 045
10	陆地最高车速/(km·h⁻¹)	27
11	轮式最小离地间隙/mm	229
12	履带式最小离地间隙/mm	254
13	油箱容积/L	36
14	轮胎参数/in	前/后轮:XT11925×12-9

1.40 ARGO-Frontier 8×8 Responder S 全地形车

ARGO-Frontier 8×8 Responder S 全地形车产自加拿大,构造布局见图1-40。该车型搭载 V 型、双缸、风冷、汽油发动机,采用 8×8 轮式链轴驱动。该车型整备质量为 527 kg,装载质量为 358 kg,整车牵引质量为 544 kg,具有较强的灵活性。同时采用单排座椅布置,加装照明警具,具有较高的功能拓展能力与地形通过能力。ARGO-Frontier 8×8 Responder S 全地形车主要性能指标见表1-40。

▲ 图 1-40 ARGO-Frontier 8×8 Responder S 全地形车

表 1-40 ARGO-Frontier 8×8 Responder S 全地形车主要性能指标

序 号	项 目	主要参数
1	驱动方式	8×8轮式链式驱动
2	发动机	22.4 kW,V型、双缸、风冷、汽油发动机
3	变速箱	CVT无极变速(STD/HT换挡)
4	乘员人数/人	2
5	装载质量/kg	358
6	整备质量/kg	527
7	牵引质量/kg	544
8	绞盘牵引质量/kg	1 587
9	整车/(长×宽×高)/mm³	3 150×1 473×1 321
10	陆地最高车速/(km·h⁻¹)	30
11	水上航速/(km·h⁻¹)	5
12	轮式最小离地间隙/mm	240
13	履带式最小离地间隙/mm	265
14	油箱容积/L	27
15	轮胎参数/in	前/后轮:AT18925×12.00-9NHS
16	使用环境温度℃	全天候,-40~40

1.41　ARGO-Frontier 8×8 Scout S 全地形车

ARGO-Frontier 8×8 Scout S 全地形车产自加拿大,构造布局见图 1-41。该车型搭载 V 型、双缸、电子喷射、风冷、汽油发动机,采用 8×8 轮式链轴驱动,整车具备两栖通行能力。该车型整备质量为 553 kg,陆地装载质量为 376 kg,水上装载质量为 331 kg,整车牵引质量为 544 kg,具有较强的灵活性。同时采用前后多座椅布置,设置前部载物架,具有较高的功能拓展能力与地形通过能力。ARGO-Frontier 8×8 Scout S 全地形车主要性能指标见表 1-41。

▲ 图 1-41　Frontier 8×8 Scout S 全地形车

表 1-41　ARGO-Frontier 8×8 Scout S 全地形车主要性能指标

序　号	项　　目	主要参数
1	驱动方式	8×8轮式链轴驱动
2	发动机	19.12 kW,V型、双缸、电子喷射、风冷、汽油发动机
3	变速箱	CVT无极变速(STD/HT)
4	乘员人数/人	陆地:6/水上:2
5	装载质量/kg	陆地:376/水上:331
6	整备质量/kg	553
7	牵引质量/kg	544
8	绞盘牵引质量/kg	1587
9	整车/(长×宽×高)/mm³	3 150×1 473×1 180
10	陆地最高车速/(km·h⁻¹)	30
11	水上航速/(km·h⁻¹)	5
12	轮式最小离地间隙/mm	240
13	履带式最小离地间隙/mm	265
14	油箱容积/L	27
15	轮胎参数/in	前/后轮:AT18924×10.00-8NHS
16	使用环境温度/℃	全天候,−40~40

1.42 ARGO-Frontier 8×8 S 全地形车

ARGO-Frontier 8×8 S 全地形车产自加拿大,构造布局见图 1-42。该车型搭载 V 型、双缸、电子喷射、风冷、汽油发动机,采用 8×8 轮式链轴驱动,整车具备两栖通行能力。该车型整备质量为 517 kg,陆地装载质量为 413 kg,水上装载质量为 367 kg,整车牵引质量为 635 kg,具有较强的灵活性。同时采用前后多座椅布置,具有较高的功能拓展能力与地形通过能力。ARGO-Frontier 8×8 S 全地形车主要性能指标见表 1-42。

▲ 图 1-42 ARGO-Frontier 8×8 S 全地形车

表 1-42 ARGO-Frontier 8×8 S 全地形车主要性能指标

序 号	项 目	主要参数
1	驱动方式	8×8轮式链轴驱动
2	发动机	16.92 kW(23 hp),V型、双缸、电子喷射、风冷、汽油发动机
3	变速箱	CVT无极变速(STD/HT)
4	乘员人数/人	陆地:6/水上:2
5	装载质量/kg	陆地:413/水上:367
6	整备质量/kg	·517
7	牵引质量/kg	635
8	绞盘牵引质量/kg	1 587
9	整车/(长×宽×高)/mm³	3 023×1 473×1 194
10	陆地最高车速/(km·h⁻¹)	30
11	水上航速/(km·h⁻¹)	5
12	轮式最小离地间隙/mm	240
13	履带式最小离地间隙/mm	265
14	油箱容积/L	27
15	轮胎参数	前/后轮:AT18924×10.00-8NHS
16	使用环境温度/℃	全天候,-40~40

1.43　ARGO-Frontier 650 8×8 S 全地形车

ARGO-Frontier 650 8×8 S 全地形车产自加拿大,构造布局见图1-43。该车型搭载V型、双缸、电子喷射、风冷、汽油发动机,采用8×8轮式链轴驱动,整车具备两栖通行能力。该车型整备质量为549 kg,陆地装载质量为388 kg,水上装载质量为342 kg,整车牵引质量为544 kg,具有较强的灵活性。同时采用前后多座椅布置,具有较高的功能拓展能力与地形通过能力。ARGO-Frontier 650 8×8 S 全地形车主要性能指标见表1-43。

▲ 图1-43　ARGO-Frontier 650 8×8 S 全地形车

表1-43　ARGO-Frontier 650 8×8 S 全地形车主要性能指标

序　号	项　目	主要参数
1	驱动方式	8×8轮式链轴驱动
2	发动机	16.9 kW(23 HP),V型、双缸、电子喷射、风冷、汽油发动机
3	变速箱	Admiral W/APS(ST换挡)
4	乘员人数/人	陆地:6/水上:2
5	装载质量/kg	陆地:388/水上:342
6	整备质量/kg	549
7	牵引质量/kg	544
8	整车/(长×宽×高)/mm³	3 023×1 473×1 295
9	陆地最高车速/(km·h⁻¹),ST	31
10	陆地最高车速/(km·h⁻¹),HT	19
11	水上航速/(km·h⁻¹)	5
12	轮式最小离地间隙/mm	228
13	履带式最小离地间隙/mm	254
14	油箱容积/L	27
15	轮胎参数/in	前/后轮:AT18924×10.00-8NHS

1.44　ARGO-Frontier 700 8×8 全地形车

ARGO-Frontier 700 8×8 全地形车产自加拿大,构造布局见图1-44。该车型搭载 V 型、双缸、电子喷射、风冷、汽油发动机,采用8×8轮式链轴驱动,整车具备两栖通行能力。该车型整备质量为 549 kg,陆地装载质量为 381 kg,水上装载质量为 335 kg,整车牵引质量为 544 kg,具有较强的灵活性。同时采用前后多座椅布置,具有较高的功能拓展能力与地形通过能力。ARGO-Frontier 700 8×8 全地形车主要性能指标见表1-44。

▲ 图 1-44　ARGO-Frontier 700 8×8 全地形车

表 1-44　ARGO-Frontier 700 8×8 全地形车主要性能指标

序　号	项　目	主要参数
1	驱动方式	8×8轮式链轴驱动
2	发动机	16.9 kW、V 型、双缸、电子喷射、风冷、汽油发动机
3	变速箱	Admiral W/APS(STD/HT)
4	乘员人数/人	陆地:6/水上:2
5	装载质量/kg	陆地:381/水上:335
6	整备质量/kg	549
7	牵引质量/kg	544
8	整车/(长×宽×高)/mm³	3 023×1 473×1 295
9	陆地最高车速/(km · h⁻¹),ST	31
10	陆地最高车速/(km · h⁻¹),HT	21
11	水上航速/(km · h⁻¹)	5
12	轮式最小离地间隙/mm	228
13	履带式最小离地间隙/mm	254
14	油箱容积/L	27
15	轮胎参数/in	前/后轮:AT18924×10.00-8NHS

1.45　ARGO-Frontier 700 Scout 8×8 S 全地形车

ARGO-Frontier 700 Scout 8×8 S 全地形车产自加拿大,构造布局见图1-45。该车型搭载V型、双缸、电子喷射、风冷、汽油发动机,采用8×8轮式链轴驱动,整车具备两栖通行能力。该车型整备质量为576 kg,陆地装载质量为358 kg,水上装载质量为313 kg,整车牵引质量为544 kg能力,具有较强的灵活性。同时采用前后多座椅布置,具有较高的功能拓展能力与地形通过能力。ARGO-Frontier 700 Scout 8×8 S 全地形车主要性能指标见表1-45。

▲ 图1-45　ARGO-Frontier 700 Scout 8×8 S 全地形车

表1-45　ARGO×Frontier 700 Scout 8×8 S 全地形车主要性能指标

序　号	项　目	主要参数
1	驱动方式	8×8轮式链轴驱动
2	发动机	16.9 kW,V型、双缸、电子喷射、风冷、汽油发动机
3	变速箱	Admiral W/APS(STD/HT换挡)
4	乘员人数/人	陆地:6/水上:2
5	装载质量/kg	陆地:358/水上:313
6	整备质量/kg	576
7	牵引质量/kg	544
8	绞盘牵引质量/kg	1 134
9	整车/(长×宽×高)/mm³	3 200×1 473×1 295
10	陆地最高车速/(km·h⁻¹),ST	31
11	陆地最高车速/(km·h⁻¹),HT	21
12	水上航速/(km.h⁻¹)	5
13	轮式最小离地间隙/mm	228
14	履带式最小离地间隙/mm	254
15	油箱容积/L	27
16	轮胎参数/in	前/后轮:AT189 24×10.00-8NHS

1.46 ARGO-Frontier 6×6 S 全地形车

ARGO-Frontier 6×6 S 全地形车产自加拿大,构造布局见图1-46。该车型搭载V型、双缸、电子喷射、汽油发动机,采用6×6轮式链轴驱动,整车具备两栖通行能力。该车型整备质量为431 kg,陆地装载质量为290 kg,水上装载质量为200 kg,整车牵引质量为544 kg,具有较强的灵活性。同时采用前后多座椅布置,具有较高的功能拓展能力与地形通过能力。ARGO-Frontier 6×6 S 全地形车主要性能指标见表1-46。

▲ 图 1-46 ARGO-Frontier 6×6 S 全地形车

表 1-46 ARGO-Frontier 6×6 S 全地形车主要性能指标

序 号	项 目	主要参数
1	驱动方式	6×6轮式链轴驱动
2	发动机	16.92 kW,V型、双缸、电子喷射、汽油发动机
3	变速箱	CVT无极变速(STD/HT换挡)
4	乘员人数/人	陆地:4/水上:2
5	装载质量/kg	陆地:290/水上:200
6	整备质量/kg	431
7	牵引质量/kg	544
8	绞盘牵引质量/kg	1 587
9	整车/(长×宽×高)/mm³	2 431×1 473×1 163
10	陆地最高车速/(km·h⁻¹)	30
11	水上航速/(km·h⁻¹)	5
12	轮式最小离地间隙/mm	240
13	履带式最小离地间隙/mm	265
14	油箱容积/L	27
15	轮胎参数/in	前/后轮:AT18924×10.00-8NHS
16	使用环境温度/℃	全天候,-40~40

1.47 ARGO-Frontier 6×6 Scout S 全地形车

ARGO-Frontier 6×6 Scout S 全地形车产自加拿大,构造布局见图1-47。该车型搭载V型、双缸、电子喷射、汽油发动机,采用6×6轮式链轴驱动,整车具备两栖通行能力。该车型整备质量为449 kg,陆地装载质量为254 kg,水上装载质量为163 kg,整车牵引质量为635 kg,具有较强的灵活性。同时采用前后多座椅布置,具有较高的功能拓展能力与地形通过能力。ARGO-Frontier 6×6 Scout S 全地形车主要性能指标见表1-47。

▲ 图 1-47 ARGO-Frontier 6×6 Scout S 全地形车

表 1-47 ARGO-Frontier 6×6 Scout S 全地形车主要性能指标

序 号	项 目	主要参数
1	驱动方式	6×6轮式链轴驱动
2	发动机	16.92 kW,V型、双缸、电子喷射、汽油发动机
3	变速箱	CVT无极变速(STD/HT换挡)
4	乘员人数/人	陆地:4/水上:2
5	装载质量/kg	陆地:254/水上:163
6	整备质量/kg	449
7	牵引质量/kg	635
8	绞盘牵引质量/kg	1587
9	整车/(长×宽×高)/mm³	2591×1473×1163
10	陆地最高车速/(km·h⁻¹)	35
11	水上航速/(km·h⁻¹)	5
12	轮式最小离地间隙/mm	240
13	履带式最小离地间隙/mm	265
14	油箱容积/L	27
15	轮胎参数/in	前/后轮:AT18924×10.00-8NHS
16	使用环境温度/℃	全天候,−40~40

1.48　ARGO-Frontier 6×6 Scout ST 全地形车

ARGO-Frontier 6×6 Scout ST 全地形车产自加拿大,构造布局见图 1-48。该车型搭载 V 型、双缸、电子喷射、汽油发动机,采用 6×6 轮式链轴驱动,整车具备两栖通行能力。该车型整备质量为 449 kg,陆地装载质量为 240 kg,水上装载质量为 150 kg,整车牵引质量为 635 kg,具有较强的灵活性。同时采用前后多座椅布置,具有较高的功能拓展能力与地形通过能力。ARGO-Frontier 6×6 Scout ST 全地形车主要性能指标见表 1-48。

▲ 图 1-48　ARGO-Frontier 6×6 Scout ST 全地形车

表 1-48　ARGO-Frontier 6×6 Scout ST 全地形车主要性能指标

序　号	项　　目	主要参数
1	驱动方式	6×6轮式链轴驱动
2	发动机	16.92 kW,V型、双缸、电子喷射、汽油发动机
3	变速箱	CVT无极变速(STD换挡)
4	乘员人数/人	陆地:4/水上:2
5	装载质量/kg	陆地:240/水上:150
6	整备质量/kg	449
7	牵引质量/kg	635
8	绞盘牵引质量/kg	1 587
9	整车/(长×宽×高)/mm³	2 591×1 473×1 163
10	陆地最高车速/(km·h⁻¹)	35
11	水上航速/(km·h⁻¹)	5
12	轮式最小离地间隙/mm	240
13	履带式最小离地间隙/mm	265
14	油箱容积/L	27
15	轮胎参数/in	前/后轮:4×10.00-8NHS
16	使用环境温度/℃	全天候,-40~40

1.49　ARGO-Frontier 6×6 ST 全地形车

ARGO-Frontier 6×6 ST 全地形车产自加拿大,构造布局见图1-49。该车型搭载V型、双缸、电子喷射、汽油发动机,采用6×6轮式链轴驱动,整车具备两栖通行能力。该车型整备质量为413 kg,陆地装载质量为286 kg,水上装载质量为195 kg,具备整车牵引质量为545 kg,具有较强的灵活性。同时采用前后多座椅布置,具有较高的功能拓展能力与地形通过能力。ARGO-Frontier 6×6 ST 全地形车主要性能指标见表1-49。

▲ 图 1-49　ARGO-Frontier 6×6 ST 全地形车

表 1-49　ARGO-Frontier 6×6 ST 全地形车主要性能指标

序 号	项 目	主要参数
1	驱动方式	6×6轮式链轴驱动
2	发动机	16.92 kW,V型、双缸、电子喷射、汽油发动机
3	变速箱	CVT无极变速(STD换挡)
4	乘员人数/人	陆地:4/水上:2
5	装载质量/kg	陆地:286/水上:195
6	整备质量/kg	413
7	牵引质量/kg	545
8	绞盘牵引质量/kg	1 587
9	整车/(长×宽×高)/mm³	2 413×1 473×1 163
10	陆地最高车速/(km·h⁻¹)	35
11	水上航速/(km·h⁻¹)	5
12	轮式最小离地间隙/mm	240
13	履带式最小离地间隙/mm	265
14	油箱容积/L	27
15	轮胎参数/in	前/后轮:AT18924×10.00-8NHS
16	使用环境温度/℃	全天候,－40~40

1.50 ARGO-Frontier 6×6 全地形车

ARGO-Frontier 6×6 全地形车产自加拿大,构造布局见图 1-50。该车型搭载 V 型、双缸、电子喷射、汽油发动机,采用 6×6 轮式链轴驱动,整车具备两栖通行能力。该车型整备质量为 399 kg,陆地装载质量为 304 kg,水上装载质量为 213 kg,整车牵引质量为 545 kg,具有较强的灵活性。同时采用前后多座椅布置,具有较高的功能拓展能力与地形通过能力。ARGO-Frontier 6×6 全地形车主要性能指标见表 1-50。

▲ 图 1-50 ARGO-Frontier 6×6 全地形车

表 1-50 ARGO-Frontier 6×6 全地形车主要性能指标

序　号	项　目	主要参数
1	驱动方式	6×6轮式链轴驱动
2	发动机	14 kW,V型、双缸、电子喷射、汽油发动机
3	变速箱	CVT无极变速(STD换挡)
4	乘员人数/人	陆地:4/水上:2
5	装载质量/kg	陆地:304/水上:213
6	整备质量/kg	399
7	牵引质量/kg	545
8	绞盘牵引质量/kg	1 587
9	整车/(长×宽×高)/mm³	2 413×1 473×1 163
10	陆地最高车速/(km·h⁻¹)	35
11	水上航速/(km·h⁻¹)	5
12	轮式最小离地间隙/mm	240
13	履带式最小离地间隙/mm	265
14	油箱容积/L	27
15	轮胎参数/in	前/后轮:AT18924×10.00-8NHS
16	使用环境温度/℃	全天候,-40~40

第2章 Hydratrek 系列全地形车

2.1 Hydratrek-D2488B 全地形车

Hydratrek-D2488B 全地形车构造布局见图 2-1。Hydratrek-D2488B 两栖车是目前战场上最受欢迎的 Hydratrek 产品,它主要用于公用事业、管道、调查、地震学、建筑业等行业。在处理飓风或洪水威胁时,用来保障运输人员和物资运输。它采用 85 hp 涡轮增压久保田柴油发动机,并能提供超过 8 000 lb 的牵引力。行走系统通过一个闭环的液压马达驱动,并搭配两个后螺旋桨用作水上运输。Hydratrek-D2488B 全地形车主要性能指标见表 2-1。

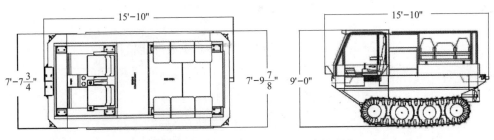

▲ 图 2-1 Hydratrek-D2488B 全地形车

表 2-1 Hydratrek-D2488B 全地形车主要性能指标

序 号	项 目	主要参数
1	驱动方式	8×8(履带)驱动
2	发动机	Kubota V3600T, 85 hp, 四冲程, 涡轮增压, 柴油发动机
3	电气系统	12 V, 90 A
4	接地比压/kPa	10.3(1.5 psi[①])
5	蓄电池容量/CCA	750
6	油箱容积/gal[②]	13
7	牵引质量/kg	3 628(8 000 lb)

① 1 psi=6.895 kPa。
② 1 gal=3.785 L(美)或 4.346 L(英)。

2.2 Hydratrek-拖车全地形车

Hydratrek-拖车全地形车构造布局见图 2-2。筏子是为 Hydratrek 车辆专门设计的一款拖车。陆地载荷可达 3 000 lb, 水上载荷达 1 800 lb, 主要用于搜救行动中额外的材料或人员运输。它通过针状结构与牵引车相连接, 同时整车采用海洋级铝合金制成。装上橡胶履带后, 接地比压可提升至 1.0 psi, 满载可达 3 000 lb。Hydratrek-拖车全地形车主要性能指标见表 2-2。

▲ 图 2-2 Hydratrek-拖车全地形车

表 2-2 Hydratrek-拖车全地形车主要性能指标

序 号	项 目	主要参数
1	整车/(长×宽×高)/mm³	3 050×1 780×2 080
2	整备质量/kg	318(700 lb)
3	装载质量/kg	陆地:1 360 kg(3 000 lb)/水上:816 kg(1 800 lb)

2.3　Hydratrek-SMSS 全地形车

Hydratrek-SMSS 全地形车构造布局见图 2-3。该车采用 6×6 轮式驱动，具有直升机投送能力，利用机器人技术研发的无人伴随班组保障系统，并具有较强的环境感知能力，减少人员在控制机器人系统上花费的时间。将感知与强大的机动性相结合，满足 SMSS 两栖车辆跟随士兵穿过任何地形，确保机器人系统携带的有效载荷随时随地可以使用，为轻型和先遣人员提供后勤保障支援。Hydratrek-SMSS 全地形车主要性能指标见表 2-3。

▲ 图 2-3　Hydratrek-SMSS 全地形车

表 2-3　Hydratrek-SMSS 全地形车主要性能指标

序　号	项　目	主要参数
1	驱动方式	6×6全轮驱动
2	整备质量/kg	907
3	装载质量/kg	453
4	最高车速/(km·h⁻¹)	40
5	续航里程/km	201
6	行驶操控功能	手柄遥控行驶、预先路线编程自主行驶

2.4　Hydratrek-XA66 全地形车

Hydratrek-XA66 全地形车构造布局见图 2-4。XA66 水陆两栖车是 Hydratrek 唯一一款无履带车,它的功能十分多样。该车型由一台 44hp 的涡轮增压久保田柴油发动机提供动力,车身由船用铝制成,并通过一个闭环静液驱动系统运行。Hydratrek-XA66 配备了 6 个激进的 ATV 轮胎,每个轮胎都由一个独立的液压马达驱动。在每台车后面都配备两个液压驱动的螺旋桨,确保在深水中行进时依旧畅快自如。该车型可选配:绞盘、6 人座椅、粉末涂料、医药包、封闭驾驶室、备用报警器、后置物架、脊柱板以及应急照明系统。Hydratrek-XA66 全地形车主要性能指标见表 2-4。

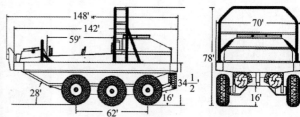

▲ 图 2-4　Hydratrek-XA66 全地形车

表 2-4　Hydratrek-XA66 全地形车主要性能指标

序　号	项　目	主要参数
1	驱动方式	6×6全轮驱动
2	发动机	Kubota(V1505T),44hp,涡轮增压,柴油发动机
3	电气系统	12 V,60 A

续表

序 号	项 目	主要参数
4	接地比压/kPa	31.7(4.6 psi)
5	蓄电池容量/CCA	750
6	油箱容积/gal	11
7	牵引质量/kg	1814(4000 lb)

2.5   Hydratrek-XAB66 全地形车

Hydratrek-XAB66 全地形车构造布局见图 2-5,产产自美国,搭载涡轮增压柴油发动机,具备水陆两栖功能。车身由船用级铝合金制造,有效降低整车重量,座椅采用整体式前后双排布置,能够适应 6 人驾乘。采用轮履结合陆地行走,能够适应沼泽地等恶劣路况行驶。Hydratrek-XAB66 全地形车主要性能指标见表 2-5。

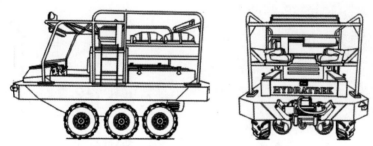

▲ 图 2-5   Hydratrek-XAB66 全地形车

表 2-5   Hydratrek-XAB66 全地形车主要性能指标

序 号	项 目	主要参数
1	驱动方式	6×6全轮(履带)驱动
2	发动机	43 kW,涡轮增压,柴油发动机
3	传动方式	液压传动
4	水上驱动方式	双液压驱动螺旋桨
5	电气系统	12 V,60 A
6	接地比压/kPa	9.65/16 in 履带
		7.58/20 in 履带
7	油箱容积/L	41.6
8	选配	绞盘、6人座椅、医药包、封闭驾驶室、备用报警器、后置物架、应急照明

2.6　Hydratrek-XT66 全地形车

Hydratrek-XT66 全地形车构造布局见图 2-6。XT66 水陆两栖车是 Hydratrek 公司现在最受欢迎的车辆之一。在外形上类似 XA66，搭配 16 in 橡胶轨道系统，显著降低了地面压力。该车型可应对一些具有挑战性的地形和植物沼泽地。车身由船用级铝合金制造而成，由一台 44 hp 的涡轮增压久保田柴油发动机提供动力，并通过一个闭环静液驱动系统运行。新升级的液压驱动马达可以提供更强劲的动力。在每台车后面都配备两个液压驱动的螺旋桨，确保在深水中行进时依旧畅快自如。

该车型可选配绞盘、6 人座椅、粉末涂料、医药包、封闭驾驶室、备用报警器、后置物架、脊柱板以及应急照明系统。Hydratrek-XT66 全地形车主要性能指标见表 2-6。

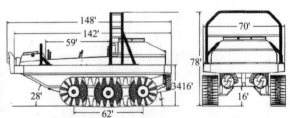

▲ 图 2-6　Hydratrek-XT66 全地形车

表 2-6　Hydratrek-XT66 全地形车主要性能指标

序　号	项　目	主要参数
1	驱动方式	6×6全轮(履带)驱动
2	发动机	Kubota V2403T, 59 hp, 涡轮增压、柴油发动机
3	电气系统	12 V, 60 A
	接地比压/kPa	9.65(1.4 psi)16in履带；7.58(1.1 psi)20 in履带
	蓄电池容量/CCA	750
	油箱容积/gal	750

2.7　Hydratrek–LT 6×6 XHD 全地形车

Hydratrek–LT 6×6 XHD 全地形车构造布局见图 2-7。LT 6×6 XHD 以其敏捷的身躯和理想的机动能力而闻名。在极具挑战性的越野条件下驾驶这辆车不会有任何问题。这款水陆两栖车是为 2~4 人远程工作而设计的。标准的驾驶室包含司机和乘客，也可以将后置物平台改装为 2 座以上的乘员舱。

同样，就像 Hydratrek 公司的其他车辆模型一样，它也是一款两栖车。并且在车辆前后均配有快速断开耦合器，预留有 1~3 个衔接点用于拖挂附件。后置物平台同时也可以置放工具与设备。Hydratrek–LT 6×6 XHD 全地形车主要性能指标见表 2-7。

▲ 图 2-7　Hydratrek–LT 6×6 XHD 全地形车

表 2-7　Hydratrek–LT 6×6 XHD 全地形车主要性能指标

序　号	项　　目	主要参数
1	驱动方式	6×6全轮驱动
2	发动机	Kubota,60 hp/80 hp,涡轮增压,柴油发动机
3	装载质量/kg	陆地:908/水上:726
4	轮胎参数/in	前/后轮:33×12.5-15

2.8 Hydratrek-LT 8×8 XHD 全地形车

Hydratrek-LT 8×8 XHD 全地形车构造布局见图 2-8,拥有 3 000 lb 承载能力或 10 个座位,能一次性将你所需货物运输到那些难以到达的地方,这就是 Hydratrek 公司的 LT 8×8 XHD。该车配备了一个带有后备箱门的平整货物夹板,可以在夹板下方存储货物,同时也可以在夹板上堆放物品,便于取用。

Hydratrek-LT 8×8 XHD 水陆两栖车可以配备一个完全封闭且不易破损的塑料玻璃驾驶室,而且具备舱内加热功能。Hydratrek-LT 8×8 XHD 全地形车主要性能指标见表 2-8。

▲ 图 2-8　Hydratrek-LT 8×8 XHD 全地形车

表 2-8　Hydratrek-LT 8×8 XHD 全地形车主要性能指标

序　号	项　目	主要参数
1	驱动方式	8×8全轮(履带)驱动
2	发动机	Kubota,85 hp,涡轮增压,柴油发动机
3	装载质量/kg	陆地:1362/水上:908
4	轮胎参数/in	前/后轮:33×12.5-15

第3章 北极星系列全地形车

3.1 Polaris-2021 RZR 570 全地形车

Polaris-2021 RZR 570 全地形车产自美国，构造布局见图3-1。采用四冲程、单缸、电子喷射、液冷、汽油发动机，传动采用无极变速与4×4全轮驱动，具有2/4驱转换功能，匹配4轮独立悬架装置保障全地形通行能力。整备质量为452 kg，有效载荷为136 kg，车辆设置安全带与防翻滚架，保障人员安全。Polaris-2021 RZR 570 全地形车主要性能指标见表3-1。

▲ 图3-1 Polaris-2021 RZR 570 全地形车

表3-1 Polaris-2021 RZR 570 全地形车主要性能指标

序 号	项 目	主要参数
1	驱动方式	4×4全轮驱动
2	发动机	567 cc/32.3 kW；四冲程、单缸、电子喷射、液冷、汽油发动机
3	传动型式	自动PVT+P/R/N/L/H；适时全轮驱动/可切换两驱
4	整备质量/kg	452
5	有效载荷/kg	136
6	驾乘人数/人	2
7	整车/(长×宽×高)/mm³	2 730×1 270×1 752
8	最小离地间隙/mm	267
9	轴距/mm	1 960
10	悬架类型	前：双A形摆臂与平衡杆+行程229 mm 后：双A形摆臂与平衡杆+行程240 mm

续表

序 号	项 目	主要参数
11	油箱容积/L	27.4
12	轮辋规格	冲压钢
13	轮胎参数/in	前轮:25×8-12;后:25×10-12
14	其他配置	数码计、速度表、里程表、短距离里程表、转速表、冷却液温度计、电压计、小时计、服务指标、时钟、齿轮指标、燃料计、高温窑炉、安全带提醒光、DC插座

3.2　Polaris-RZR XP Turbo S 全地形车

Polaris-RZR XP Turbo S 全地形车产自美国,构造布局见图 3-2。采用四冲程、双缸、涡轮增压、电子喷射、液冷汽油发动机,传动采用无极变速与 4×4 全轮驱动,具有 2/4 驱转换功能,匹配 4 轮独立 DWNAMIX 智能悬挂系统,保障全地形疾驶通行能力。该车型整备质量为 779 kg,有效载荷为 336 kg,车辆设置安全带与防翻滚架,保障人员安全。Polaris-RZR XP Turbo S 全地形车主要性能指标见表 3-2。

▲ 图 3-2　Polaris-RZR XP Turbo S 全地形车

表 3-2　Polaris-RZR XP Turbo S 全地形车主要性能指标

序 号	项 目	主要参数
1	驱动方式	4×4全轮驱动
2	发动机	925 cc/123.5 kW,四冲程、双缸、涡轮增压、电子喷射、液冷汽油发动机
3	传动型式	无极变速+适时全轮驱动/可切换两驱
4	整备质量/kg	779
5	有效载荷/kg	336
6	驾乘人数/人	2
7	整车/(长×宽×高)/mm³	3 022×1 828×1 873

续表

序　号	项　目	主要参数
8	最小离地间隙/mm	406
9	轴距/mm	2 286
10	悬架类型	前:双A臂+稳定杆+行程630 mm 后:拖曳臂+稳定杆+行程630 mm
11	油箱容积/L	36
12	轮辋规格	铸铝
13	轮胎参数/in	前/后轮:32×10-15 ITP COYOTE
14	其他配置	EPS、手套触摸显示器、数字仪表、内置GPS、地图、蓝牙和USB智能手机连接、天气无线电、车载通信能力。数字仪表盘、速度表、里程表、转速计、冷却液温度计、电压表、计时器、维修指示灯、直流插座

3.3　Polaris-2021 RZR XP4 1000 全地形车

Polaris-2021 RZR XP4 1000 全地形车产自美国,构造布局见图3-3。采用四冲程、双缸、涡轮增压、电子喷射、液冷汽油发动机,传动采用自动PVT变速与4×4全轮驱动,具有2/4驱转换功能,匹配4轮独立长行程悬挂系统,保障全地形越野通行能力。该车型整备质量为752.5 kg,双排4座椅布置,车辆设置安全带与防翻滚架,保障人员安全。Polaris-2021 RZR XP4 1000 全地形车主要性能指标见表3-3。

▲ 图 3-3　Polaris-2021 RZR XP4 1000 全地形车

表 3-3　Polaris-2021 RZR XP4 1000 全地形车主要性能指标

序　号	项　目	主要参数
1	驱动方式	4×4全轮驱动
2	发动机	999 cc/81 kW,四冲程、双缸、涡轮增压、电子喷射、液冷汽油发动机
3	变速箱	PVT+P/R/N/L/H;适时全轮驱动/可切换两驱

续表

序 号	项 目	主要参数
4	整备质量/kg	752.5
5	驾乘人数/人	4
6	整车/(长×宽×高)/mm³	3 708×1 626×1 873
7	最小离地间隙/mm	356
8	轴距/mm	2 972
9	悬架类型	前：双摇臂+行程406 mm 后：拖曳臂+稳定杆+行程457 mm
10	油箱容积/L	36
11	驻车系统	Park In-Transmission
12	制动系统	前/后：双孔卡钳+四轮液压盘
13	轮辋规格	铸铝
14	轮胎参数/in	前/后轮：29×11-14 in；Maxxis Bighorn
15	其他配置	车速表、转速表、里程表、行程表、时钟、小时表、齿轮指示器、电量计、冷却液温度计、电压表、服务指示和代码；安全带提醒灯、直流插座

3.4　Polaris-游侠900全地形车(6座)

Polaris-游侠900全地形车(6座)产自美国,构造布局见图3-4。采用四冲程、双缸、电子喷射、液冷汽油发动机,传动采用无极变速与4×4全轮驱动,具有2/4驱转换功能,匹配4轮独立悬挂系统,保障全地形通行能力。该车型整备质量为733 kg,双排连体6座椅布置,车辆设置安全带与防翻滚架,保障人员安全。Polaris-游侠900全地形车(6座)主要性能指标见表3-4。

▲ 图3-4　Polaris-游侠900全地形车(6座)

表 3-4　Polaris-游侠 900 全地形车(6 座)主要性能指标

序　号	项　目	主要参数
1	驱动方式	4×4全轮驱动
2	发动机	875cc/50 kW,四冲程、双缸、电子喷射、液冷汽油发动机
3	变速箱	适时全轮驱动/可切换两驱/草地模式
4	整备质量/kg	733
5	有效载荷/kg	793.8
6	驾乘人数/人	6
7	整车/(长×宽×高)/mm³	3 750×1 550×1 930
8	最小离地间隙/mm	287
9	轴距/mm	2870
10	悬架类型	前/后:双摇臂+行程254mm
11	油箱容积/L	37.9
12	驻车系统	Park In-Transmission
13	轮辋规格	冲压钢
14	轮胎参数/in	前/后轮:26×11-12 in(PXT)

3.5　Polaris-将军 1000 全地形车(4 座)

Polaris-将军 1000 全地形车(4 座)产自美国,构造布局见图 3-5。采用四冲程、双缸、DOHC、液冷汽油发动机,传动采用无极变速与 4×4 全轮驱动,具有 2/4 驱转换功能,匹配 4 轮独立悬挂系统,保障全地形通行能力。该车型整备质量为 842 kg,双排单体 4 座椅布置,车辆设置安全带与防翻滚架,保障人员安全。Polaris-将军 1000 全地形车(4 座)主要性能指标见表 3-5。

▲ 图 3-5　Polaris-运动家 1000 旅行款全地形车(4 座)

表 3-5　Polaris-将军 1000 全地形车(4 座)主要性能指标

序 号	项 目	主要参数
1	驱动方式	4×4全轮驱动
2	发动机	1000 cc/73.5 kW,四冲程、DOHC、双缸、液冷汽油发动机
3	变速箱	适时全轮驱动/可切换两驱/草地模式
4	整备质量/kg	842
5	有效载荷/kg	580
6	牵引能力/kg	680
7	驾乘人数/人	4
8	最高车速/(km·h^{-1})	64
9	整车/(长×宽×高)/mm³	3 815×1 587×1 905
10	最小离地间隙/mm	205
11	轴距/mm	2870
12	悬架类型	前:双摇臂+稳定杆+行程311 mm 后:双摇臂+行程241 mm
13	油箱容积/L	35.9
14	轮辋规格	铸铝
15	轮胎参数/in	前/后轮:27×11-14;27×9-14
16	其他配置	EPS;硬质车门(4个)

3.6　Polaris-运动家 1000 旅行款全地形车

Polaris-运动家 1000 旅行款全地形车产自美国,构造布局见图 3-6。采用四冲程、双缸、DOHC、液冷汽油发动机,发动机制动(EBS)带主动下坡控制(ACD),传动采用无极变速与 4×4 全轮驱动,具有 2/4 驱转换功能,匹配 4 轮独立悬挂系统,保障全地形通行能力。该车型整备质量为 403 kg,一体式双人竖列座椅,手把操纵,标配电子助力转向。Polaris-运动家 1000 旅行款全地形车主要性能指标见表 3-6。

▲ 图 3-6　Polaris-运动家 1000 旅行款全地形车

表 3-6　Polaris-运动家 1000 旅行款全地形车主要性能指标

序　号	项　目	主要参数
1	驱动方式	4×4全轮驱动
2	发动机	952cc/64.7kW，四冲程、双缸、DOHC、液冷汽油发动机
3	变速箱	无极变速+适时全轮驱动/可切换两驱
4	整备质量/kg	403
5	有效载荷/kg	261
6	驾乘人数/人	2
7	整车/(长×宽×高)/mm³	2 187×1 209×1 479
8	最小离地间隙/mm	285
9	轴距/mm	1 448
10	悬架类型	前：双摇臂+行程229mm 后：双摇臂+行程260mm
11	油箱容积/L	19.9
12	轮辋规格	铸铝
13	轮胎参数/in	前轮：26×11-14；后轮：26×8-14

3.7　Polaris-运动家 570 双座旅行款全地形车

Polaris-运动家 570 双座旅行款全地形车产自美国，构造布局见图 3-7。采用四冲程、单缸、DOHC、液冷汽油发动机，无极变速与4×4全轮驱动，具有2/4驱转换功能，匹配4轮独立悬挂系统，保障全地形通行能力。该车型整备质量为314kg，一体式双人竖列座椅，手把操纵。Polaris-运动家 570 双座旅行款全地形车主要性能指标见表 3-7。

▲ 图 3-7　Polaris-运动家 570 双座旅行款全地形车

表 3-7　Polaris-运动家 570 双座旅行款全地形车主要性能指标

序　号	项　目	主要参数
1	驱动方式	4×4全轮驱动
2	发动机	567 cc/32 kW，四冲程、单缸、DOHC、液冷汽油发动机
3	变速箱	无极变速+适时全轮驱动/可切换两驱
4	整备质量/kg	314
5	驾乘人数/人	2
6	整车/(长×宽×高)/mm³	2 184×1 219×1 219
7	最小离地间隙/mm	279
8	轴距/mm	1 422
9	悬架类型	前：双摇臂+行程208 mm 后：双摇臂+行程241 mm
10	油箱容积/L	17
11	轮辋规格	冲压钢板
12	轮胎参数/in	前轮：26×10-12；后轮：26×8-12

3.8　Polaris-剃刀 170 全地形车

Polaris-剃刀 170 全地形车产自美国，构造布局见图 3-8。针对青少年开发的一款多功能全地形车，采用四冲程、单缸、电子喷射、风冷汽油发动机，采用无极变速传动方式，匹配4轮独立悬挂系统，保障全地形通行能力。该车型整备质量为 214 kg，单体 2 座椅布置，车辆设置安全带与防翻滚架，保障人员安全。Polaris-剃刀 170 全地形车主要性能指标见表 3-8。

▲ 图 3-8　Polaris-剃刀 170 全地形车

表 3-8　Polaris-剃刀 170 全地形车主要性能指标

序　号	项　目	主要参数
1	驱动方式	4×2全轮驱动；O型环链条传动
2	发动机	169 cc/8 kW，四冲程、单缸、电子喷射、风冷汽油发动机
3	变速箱	无极变速+前/空/倒
4	整备质量/kg	214
5	驾乘人数/人	2
6	整车/(长×宽×高)/mm³	2 159×1 219×1 397
7	最小离地间隙/mm	152
8	轴距/mm	1 651
9	悬架类型	前：单摇臂+行程127 mm 后：单摇臂+双减震器+行程127 mm
10	油箱容积/L	9.5
11	轮辋规格	冲压钢板
12	轮胎参数/in	前轮：20×10-9；后轮：19×7-8

3.9　Polaris-MRZR Alpha 2 全地形车

Polaris-MRZR Alpha 2 全地形车产自美国，构造布局见图 3-9。采用四冲程、高压共轨、涡轮增压、柴油发动机，传动采用 8 速自动变速箱，动力输出平稳，独立双座椅并列布置，配置安全带，有效保障驾乘人员安全。该车轮胎配备 32 in 高机动性泄气保用轮胎，保障车辆行驶安全性。该车型可通过直升机空运与吊装。Polaris-MRZR Alpha 2 全地形车主要性能指标见表 3-9。

▲ 图 3-9　Polaris-MRZR Alpha 2 全地形车

表 3-9 Polaris-MRZR Alpha 2 全地形车主要性能指标

序 号	项 目	主要参数
1	驱动方式	2WD/4WD
2	发动机	86.7 kW、四冲程、高压共轨、涡轮增压、柴油发动机
3	变速箱	8速AT
4	换挡方式	STD
5	有效载荷/kg	635
6	牵引能力/kg	681
7	乘员人数/人	2
8	最高车速/(km·h⁻¹)	90
9	续驶里程/km	360
10	离地间隙/mm	305
11	空投能力	可降速空投(LVAD);联合精确空投(JPADS);HSL
12	轮胎参数/in	前轮:32×10-15;后轮:32×10-15
13	悬架类型	前双A臂独立悬架;后双A臂独立悬架

3.10 Polaris-MRZR Alpha 4 全地形车

Polaris-MRZR Alpha 4 全地形车产自美国,构造布局见图3-10。采用四冲程、高压共轨、涡轮增压、柴油发动机,传动采用8速自动变速箱,动力输出平稳,独立双排4座椅布置,配置安全带,有效保障驾乘人员安全。该车轮胎配备32 in高机动性泄气保用轮胎,保障车辆行驶安全性。该车型可通过直升机空运与吊装。Polaris-MRZR Alpha 4 全地形车主要性能指标见表3-10。

▲ 图3-10 Polaris-MRZR Alpha 4 全地形车

表 3-10 Polaris-MRZR Alpha 4 全地形车主要性能指标

序 号	项 目	主要参数
1	驱动方式	2WD/4WD
2	发动机	86.7kW,四冲程、高压共轨、涡轮增压、柴油发动机
3	变速箱	8速AT
4	换挡方式	STD
5	有效载荷/kg	907.2
6	牵引能力/kg	681
7	乘员人数/人	4
8	最高车速/(km·h^{-1})	90
9	续驶里程/km	360
10	离地间隙/mm	305
11	空投能力	可降速空投(LVAD);联合精确空投(JPADS);HSL
12	轮胎参数/in	前轮:32×10-15;后轮:32×10-15
13	悬架类型	前双A臂独立悬架;后双A臂独立悬架

3.11 Polaris-Sportsman MV 850 全地形车

Polaris-Sportsman MV 850 全地形车产自美国,构造布局见图 3-11。搭载了双缸、汽油发动机,可携带高达 386 kg 有效载荷,在极端的越野条件下牵引力可达 681 kg。并配备 1 362 kg 牵引力的绞盘。整车配置适时全驱,电子助力转向系统,双 A 臂独立悬架以适应军用级越野路面。同时配备无钥匙启动、红外熄火等功能。Polaris-Sportsman MV 850 全地形车主要性能指标见表 3-11。

▲ 图 3-11 Polaris-Sportsman MV 850 全地形车

表 3-11 Polaris- Sportsman MV 850 全地形车主要性能指标

序　号	项　目	主要参数
1	驱动方式	2WD/4WD
2	发动机	850cc/56.5kW,双缸、四冲程、液冷、汽油发动机
3	变速箱	PVT
4	整备质量/kg	272.2
5	整备质量/kg	444
6	有效载荷/kg	386
7	牵引质量/kg	681
8	绞盘牵引力/kg	1 362
9	乘员人数/人	1
10	油箱容积/L	37.9
11	轴距/mm	1 448
12	轮胎参数	前/后轮:94.5×47.3-60

3.12 Polaris-Dagor A1 全地形车

　　Polaris-Dagor A1 全地形车产自美国,构造布局见图 3-12。车长 4.5 m、宽 1.8 m、高 1.8 m,比 MRZR 的体型略大。该车采用动力强劲的柴油引擎,也可使用 JP-8 型燃油,满载时能够保证最大 805 km 的续驶。"达戈"的动力传动系统控制组件极其简化,非常易于操作、维修,货舱采用开放式设计,能够最大化装载空间,同时能够保证车辆的灵活性,最多可搭载或吊挂 48 件装备物资,搭载 9 名驾乘人员,实施战术空运时的最大有效载荷为 1 474 kg。此外,"Polaris -Dagor A1 还具有模块化嵌入与升级能力,具有极大拓展性,同时支持多种机型吊运与空运。Polaris-Dagor A1 全地形车主要性能指标见表 3-12。

▲ 图 3-12 Polaris-Dagor A1 全地形车

表 3-12　Polaris-Dagor A1 全地形车主要性能指标

序　号	项　目	主要参数
1	发动机	涡轮增压、柴油/JP8发动机
2	整车/(长×宽×高)/mm³	4 520×1 880×1 880
3	战斗全重/kg	3 856
4	有效载荷/kg	1 474
5	牵引质量/kg	2 950
6	乘员人数/人	9
7	续驶里程/km	805
8	其他功能	空投(低速空投)、24 V辅助电源端子、空运(H-47可运载两台、H-53)、吊运(H-47/H-53/UH-60)

第4章　超级猫系列全地形车

4.1　SUPACAT-HMT 400 全地形车

SUPACAT-HMT 400 全地形车产自英国, 构造布局见图 4-1。搭载 6.7 L 康明斯直列、六缸、柴油发动机, 最大功率为 131 kW, 采用了中置引擎的布局, 增加整车的操控性、灵活性。底盘升降 300 mm 液压悬挂系统, 四轮驱动传动方式, 保障车辆适应不同路况下高速行驶, 整备质量为 5 500 kg, 载重可达 2 100 kg, 可容纳 5 名驾乘人员。SUPACAT-HMT 400 全地形车主要性能指标见表 4-1。

▲ 图 4-1　SUPACAT-HMT 400 全地形车

表 4-1　SUPACAT-HMT 400 全地形车主要性能指标

序　号	项　　目	主要参数
1	驱动方式	4×4全轮驱动
2	发动机	Cummins6.7 L, 六缸、柴油发动机, 131 kW, 700 N·m
3	变速箱	5速AT, 2WD/4WD, 中央差速器
4	战斗全重/kg	7600

续表

序　号	项　目	主要参数
5	有效载荷/kg	2 100
6	整备质量/kg	5 500
7	整车/(长×宽×高)/mm³	5 790×2 050×1 885(Max 2 445)
8	轮距/mm	1 700
9	轴距/mm	3 000
10	最小转弯半径/m	13.5
11	最高车速/(km·h⁻¹)	120
12	接近角/(°)	40
13	离去角/(°)	40
14	纵向通过角/(°)	150
15	油箱容积/L	200
16	续驶里程/km	800
17	涉水深度/mm	1 000
18	最大爬坡度/(%)	60
19	最大侧坡行驶/(°)	35
20	轮胎参数/in	前/后轮:335/80-20
21	电气系统	24V DC
22	选配	防爆轮胎,自主救援绞车,远程武器站,中央差速锁,烟雾弹发射器,红外灯,RHD或LHD

4.2　SUPACAT-HMT 600 全地形车

SUPACAT-HMT 600 全地形车产自英国,构造布局见图 4-2。底盘采用可变高度空气悬架系统,SUPACAT-HMT 600 的越野性能与 HMT 400 相当,但有效载荷质量大大提高。该底盘可选装防爆保护套件,以抵御地雷或弹道武器的袭击。同样,该平台也可适配不同的功能模块,以适应广泛的任务。SUPACAT-HMT 600 全地形车主要性能指标见表 4-2。

▲ 图 4-2　SUPACAT-HMT 600 全地形车

▲ 续图 4-2　SUPACAT-HMT 600 全地形车

表 4-2　SUPACAT-HMT 600 全地形车主要性能指标

序　号	项　　目	主要参数
1	驱动方式	6×6全轮驱动
2	发动机	Cummins6.7L,六缸、柴油发动机,131 kW,700 N·m
3	变速箱	5速AT,2WD/4WD,中央差速器
4	战斗全重/kg	10 500
5	有效载荷/kg	3 900
6	整备质量/kg	6 600
7	整车/(长×宽×高)/mm³	7 040×2 050×1 885(Max2 445)
8	轮距/mm	1 700
9	轴距/mm	一、二轴:3 000 mm;一、三轴:4 250 mm
10	最小转弯半径/m	17.5
11	最高车速/(km·h⁻¹)	120
12	接近角/(°)	40
13	离去角/(°)	40
14	纵向通过角/(°)	150
15	最小离地间隙/mm	180~485
16	油箱容积/L	200
17	续驶里程/km	700
18	涉水深度/mm	1 000
19	最大爬坡度/(%)	60
20	轮胎参数/in	前/后轮:335/80-20
21	电气系统	24 V DC
22	选配	防爆轮胎,自主救援绞车,远程武器站,中央差速锁,烟雾弹发射器,红外灯,RHD或LHD

4.3　SUPACAT-HMT Extenda 全地形车

　　SUPACAT-HMT Extenda 全地形车产自英国，构造布局见图 4-3。该系列车型可为特种部队提供一个按需配置的独立转换平台。使用 HMT 可变高度空气悬架系统，SUPACAT-HMT Extenda 与 HMT 400 系列和 HMT 600 系列姊妹平台的功能相接近，但可以通过安装或拆卸模块化的独立式第三轴单元来配置为 4×4 或 6×6，以满足部队需求。与其他 HMT 系列一样，SUPACAT-HMT Extenda 提供了可选配的地雷和弹道防护套件，并可以适配安装各种武器、通信、ISTAR 和部队所需设备，以适应多种操作任务。SUPACAT-HMT Extenda 全地形车主要性能指标见表 4-3。

▲ 图 4-3　SUPACAT-HMT Extenda 全地形车

表 4-3　SUPACAT-HMT Extenda 全地形车主要性能指标

序　号	项　目	主要参数	
1	驱动方式	4×4全轮驱动	6×6全轮驱动
2	发动机	Cummins6.7L,六缸、柴油发动机,131kW,700N·m	
3	变速箱	5速AT,4WD/AWD,中央差速器	
4	战斗全重/kg	7600	10500
5	有效载荷/kg	2100	3900
6	整备质量/kg	5500	6600
7	整车/(长×宽×高)/mm³	5390×2050×1885	7040×2050×1885
8	轮距/mm	1700	
9	轴距/mm	一、二轴:3000mm;一、三轴:4250mm	
10	最小转弯半径/m	13.5	17.5
11	最高车速/(km·h⁻¹)	120	
12	接近角/(°)	40	
13	离去角/(°)	40	
14	纵向通过角/(°)	150	
15	最小离地间隙/mm	180~485	
16	油箱容积/L	200	
17	续驶里程/km	700	800
18	涉水深度/mm	1000	
19	最大爬坡度/(%)	60	
20	最大侧坡行驶/(°)	35	
21	转向系统	助力转向	
22	轮胎参数/in	前/后轮:335/80-20	
23	电气系统	24VDC	
24	选配	轮胎防爆装置,锁止差速器,自主救援绞盘,武器架,遥控武器系统,烟雾榴弹发射器,IR灯,RHD或LHD	

4.4　SUPACAT-HMT LWR 全地形车

　　SUPACAT-HMT LWR 全地形车产自英国,构造布局见图4-4。HMT LWR 平台主要为了满足高机动性空中便携投放与回收,主要用于高战备和空中机动部队,SUPACAT-HMT LWR 充分利用了 HMT 独特的越野机动性、可变高度空气悬架、可靠的发动机和多模式的传动系统,研制集防爆和弹道保护于一体的高性能车辆。同样,该平台也可适配不同的功能模块,以满足客户在机动性、整体布局和装载方面的特定要求。SUPACAT-HMT LWR 全地形车主要性能指标见表 4-4。

▲ 图 4-4　SUPACAT-HMT LWR 全地形车

表 4-4　SUPACAT-HMT LWR 全地形车主要性能指标

序　号	项　目	主要参数
1	驱动方式	6×6全轮驱动
2	发动机	Cummins 5.9 L(或6.7 L),六缸、柴油发动机,136 kW,700 N・m
3	变速箱	5速AT,4WD/6WD,中央差速器
4	战斗全重/kg	10 500

续表

序　号	项　目	主要参数
5	整备质量/kg	6 600
6	整车/(长×宽×高)/mm³	7378×2100×2554(max2754)
7	轮距/mm	1 700
8	轴距/mm	一、二轴:3 000 mm;一、三轴:4 250 mm
9	最小转弯半径/m	17.5
10	最高车速/(km·h⁻¹)	120
11	接近角/(°)	40
12	离去角/(°)	38
13	纵向通过角/(°)	150
14	最小离地间隙/mm	180~485
15	油箱容积/L	200
16	续驶里程/km	700
17	涉水深度/mm	非防护型:750/防护型:1 500
18	最大爬坡度/(°)	60
19	轮胎参数/in	前/后轮:335/80-20
20	电气系统	24V DC
21	主拖曳质量/T	10
22	最高拖曳高度/m	4
23	自主救援绞车/T	6.2
24	选配	自主救援绞车,远程武器站,中央差速锁,烟雾弹发射器,RHD或LHD

4.5　SUPACAT-ATMP 全地形车

SUPACAT-ATMP全地形车产自英国,构造布局见图4-5。SUPACAT-ATMP采用柴油、混合动力、纯电动力模块。用于空降区清理,部队支持和补给,机场后勤支持、运输,以及电气和机械工程后勤支持。它可以在内部运输,也可以为空中机动部队提供即时机动性支持。最新版本的基础车辆架构增加了全电动和混合电动推进的选件,以填补传统的柴油缺陷,具有可输出功率和多选配模块组合。SUPACAT-ATMP全地形车主要性能指标见表4-5。

▲ 图 4-5　SUPACAT-ATMP 全地形车

表 4-5　SUPACAT-ATMP 全地形车主要性能指标

序　号	项　目	主要参数
1	驱动方式	6×6全轮驱动
2	动力系统	1.9t柴油混合动力
		1.5t柴油混合动力
		纯电驱动(58kW)
3	满载全重/kg	3 500
4	有效载荷/kg	1600
5	整备质量/kg	1900
6	整车/(长×宽×高)/mm³	3 443×1 935×1 873

续表

序　号	项　目	主要参数
7	轮距/mm	1 547
8	轴距/mm	一、二轴：923 mm；一、三轴：1 846 mm
9	货箱尺寸长×高/mm	1 460×929
10	最高车速/(km·h⁻¹)	60
11	接近角/(°)	45
12	离去角/(°)	45
13	最小离地间隙/mm	226
14	续驶里程/km	850
15	涉水深度/mm	600
16	最大爬坡度/(°)	45
17	最大侧坡行驶/(°)	40
18	轮胎参数/in	前/后轮：31×15.5-16
19	电气系统	84V高压；12/24V DC
20	选配	自主救援绞车，远程武器站，武器架，烟雾弹发射器，红外灯，RHD或LHD，可适配载人功能，包括地形检测和响应，障碍物清除、躲避，路径规划和行为控制

4.6　SUPACAT-LRV Platform 全地形车

SUPACAT-LRV Platform 全地形车产自英国，构造布局见图4-6。LRV 是 Supacat 系列采用多模块化平台设计。LRV 以其轻巧的重量和紧凑尺寸，战术上可以装载到 CH47 中，同时保持出色的有效载荷能力。Supacat 的模块化设计理念提供了多种配置选择，并具有灵活的功能，可以在车辆的整个使用寿命内重新布置基础平台，并提供各种任务模块和防护等级，以满足不断变化的需求。SUPACAT-LRV Platform 全地形车主要性能指标见表4-6。

▲ 图 4-6　SUPACAT-LRV Platform 全地形车

▲ 续图 4-6 SUPACAT-LRV Platform 全地形车

表 4-6 SUPACAT-LRV Platform 全地形车主要性能指标

序 号	项 目	主要参数	
1	驱动方式	4×4全轮驱动	6×4/6×6全轮驱动
2	发动机	3.2L柴油发动机，145kW，470N·m	
3	变速箱	AT，4WD/AWD，中央差速器	
4	战斗全重/kg	4200	5500
5	有效载荷/kg	1700	2350
6	整备质量/kg	2500	3150
7	整车/(长×宽×高)/mm³	4635×1700×1800	5635×1830×1800
8	轮距/mm	1585	
9	轴距/mm	2885	
10	最小转弯半径/m	11.5	
11	最高车速/(km·h⁻¹)	160	
12	接近角/(°)	40	
13	离去角/(°)	40	
14	纵向通过角/(°)	153	
15	最小离地间隙/mm	180~320	
16	油箱容积/L	80	
17	续驶里程/km	800	
18	比功率/kw,tonne	45	30
19	涉水深度/mm	750	
20	最大爬坡度/(°)	60	
21	最大侧坡行驶/(°)	40	
22	轮胎参数/in	前/后轮:245/70-17	
23	电气系统	12/24V DC	
24	选配	轮胎防爆装置，自主救援绞盘，远程武器站，武器架，榴弹发射器，红外灯，弹道装甲和弹道乘员座椅，RHD或LHD，车载热水器，顶峰罗盘，帆布车顶和侧屏，前后红外摄像机，可拆卸的聚碳酸酯挡风玻璃，12V和24V电气，NATO拖钩	

4.7 SUPACAT-SPV 400 全地形车

SUPACAT-SPV 400 全地形车产自英国,构造布局见图4-7。SPV 400 车长 5.63 m、宽2.058 m、高2.635 m。该车型采用Cummins 4.5 L柴油动力引擎,满载时能够保证最大600 km的续驶。该车型整备质量为6 000 kg,最大有效载荷为2 000 kg。此外,可选配轮胎防爆装置,自主救援绞盘,远程武器站,武器支架,烟雾弹发射器,红外灯,RHD 或 LHD,中央轮胎充气系统。SUPACAT-SPV 400 全地形车主要性能指标见表4-7。

▲ 图4-7 SUPACAT-SPV 400 全地形车

表4-7 SUPACAT-SPV 400 全地形车主要性能指标

序 号	项 目	主要参数
1	驱动方式	4×4全轮驱动
2	发动机	Cummins 4.5 L柴油发动机,132 kW,650 N·m
3	变速箱	4WD,中央差速器
4	战斗全重/kg	7500

续表

序　号	项　目	主要参数
5	有效载荷/kg	1 500~2 000
6	整备质量/kg	6 000
7	整车/(长×宽×高)/mm³	5 630×2 058×2 635(max2 565)
8	轮距/mm	1 615
9	轴距/mm	3 150
10	最小转弯半径/m	11.5
11	最高车速/(km·h⁻¹)	120
12	接近角/(°)	40
13	离去角/(°)	38
14	纵向通过角/(°)	155
15	最小离地间隙/mm	75~375
16	油箱容积/L	176
17	续驶里程/km	600
18	涉水深度/mm	750
19	最大爬坡度/(°)	60
20	最大侧坡行驶/(°)	34
21	轮胎参数/in	前/后轮:335/80-20
22	电气系统	24V DC
23	选配	轮胎防爆装置,自主救援绞车,远程武器站,武器支架,烟雾弹发射器,红外灯,RHD或LHD,中央轮胎充气系统

第5章 CAN-AM 系列全地形车

5.1 CAN-AM-COMMANDER DPS 1000R 全地形车

CAN-AM-COMMANDER DPS 1000R 全地形车产自加拿大，构造布局见图5-1。该车型采用四冲程、V 型、双缸、电子喷射、液冷汽油发动机，传动采用无极变速与 4×4 全轮驱动，具有 2/4 驱转换功能，匹配 4 轮长行程独立悬架装置，保障全地形通行能力，三模式动态动力转向，精确操控。该车型整备质量为 725.5 kg，有效载荷为 467.2 kg，搭配可翻转货斗，方便货物装卸。

CAN-AM-COMMANDER 平台还包括 COMMANDER XT、COMMANDER XT-P、COMMANDER MAX DPS、COMMANDER MAX XT 等。CAN-AM-COMMANDER DPS 1000R 全地形车主要性能指标见表5-1。

▲ 图 5-1　CAN-AM-COMMANDER DPS 1000R 全地形车

表 5-1　CAN-AM-COMMANDER DPS 1000R 全地形车主要性能指标

序　号	项　目	主要参数
1	驱动方式	4×4全轮驱动,2WD/4WD
2	发动机	73.5 kW/976 cc,V型、双缸、电子喷射、液冷汽油发动机
3	变速箱	CVT+L/H/N/R/P,可锁定的动态前差速器,运动/经济模式
4	转向系统	DPS

续表

序　号	项　目	主要参数
5	整备质量/kg	725.5
6	有效载荷/kg	467.2
7	牵引质量/kg	907.2
8	整车/(长×宽×高)/mm³	3 256×1 575×1 816
9	轴距/mm	2 301
10	最小离地间隙/mm	318
11	油箱容积/L	38
12	悬架类型	前:带防倾杆的双A臂/行程318mm+双筒充气式减震器 后:扭转梁拖曳A臂/行程330mm+双筒充气式减震器
13	制动方式	前/后:液压双活塞钳式/220mm通风盘式制动器
14	轮辋参数	铸铁14 in
15	轮胎参数/in	前轮:XPS Trail Force(686×229−356mm) 后轮:XPS Trail Force(686×279−356mm)
16	其他配置	4.5 in(19.3 cm)宽数字显示;中控台轻型直流电源;LED头灯和尾灯;拖勾

COMMANDER 系列			
COMMANDER XT	COMMANDER XT−P	COMMANDER MAX DPS	COMMANDER MAX XT

5.2　CAN-AM-DEFENDERX MR HD10 全地形车

CAN-AM-DEFENDERX MR HD10 全地形车产自加拿大,构造布局见图 5-2。该车型采用四冲程、V 型、双缸、电子喷射、液冷、汽油发动机,传动采用无极变速与 4×4 全轮驱动,具备草坪模式/两驱/四驱拖车/四驱泥地转换功能,匹配 4 轮独立悬架装置保障全地形通行能力。该车型整备质量为 770 kg,有效载荷为 680 kg,搭配可翻转货斗,方便货物装卸。CAN-AM-DEFENDERX 平台包括多种车型。CAN-AM-DEFENDERX MR HD10 全地形车主要性能指标见表5-2。

▲ 图 5-2   CAN-AM-DEFENDERX MR HD10 全地形车

表 5-2   CAN-AM-DEFENDERX MR HD10 全地形车主要性能指标

序　号	项　　目	主要参数
1	驱动方式	4×4全轮驱动;2WD/4WD
2	发动机	60 kW/976 cc、V型、双缸、电子喷射、液冷、汽油发动机
3	变速箱	PRO-TORQ 变速箱,CVT+L/H/N/R/P,可锁定的动态前差速器,草坪模式/两驱/四驱拖车/四驱泥地
4	转向系统	DPS
5	整备质量/kg	770
6	有效载荷/kg	680
7	牵引质量/kg	1 134
8	乘员人数/人	3
9	整车/(长×宽×高)/mm³	3 286×1 626×2 083
10	轴距/mm	2 115
11	最小离地间隙/mm	381
12	油箱容积/L	40
13	悬架类型	前:带防倾杆的双A臂/行程254 mm双筒充气式减震器 后:防倾杆扭转梁,拖曳A臂/行程254 mm双筒充气式减震器
14	制动方式	前:液压双活塞钳式双220 mm通风盘式制动器 后:液压单活塞钳式双220 mm通风盘式制动器
15	轮辋参数	铸铝14 in
16	轮胎参数	前:ITP Cryptid 30×9×14 in(762×229-356 mm) 后:XPS Trail Force 30×11×14 in(762×279-356 mm)
17	蓄电池	12 V(30 A/h)
18	其他配置	7.6 in(19.3 cm)宽数字显示;两个轻型直流电源;LED头灯和尾灯;2 in系索眼;绞盘(4 500 lb);可调节式倾斜方向盘

DEFENDER 系列		
DEFENDER	DEFENDER DPS	DEFENDER MAX
DEFENDER LIMITED	DEFENDER X MR	DEFENDER MAX DPS
DEFENDER XT	DEFENDER DPS CAB	

5.3　CAN-AM-MAVERICK-X3 X RS TURBO RR 全地形车

　　CAN-AM-MAVERICK-X3 X RS TURBO RR 全地形车产自加拿大,构造布局见图 5-3。该车型采用四冲程、涡轮增压、三缸、电子喷射、液冷、汽油发动机,传动采用无极变速与两驱/四驱带前差速锁/四驱拖车转换功能,匹配Smart-Shox 半主动式 4 轮独立悬架,具备全地形通行能力。CAN-AM-MAVERICK-X3 X RS TURBO RR 全地形车主要性能指标见表 5-3。

▲ 图 5-3　CAN-AM-MAVERICK-X3 X RS TURBO RR 全地形车

表 5-3　CAN-AM-MAVERICK-X3 X RS TURBO RR 全地形车主要性能指标

序　号	项　　目	主要参数
1	驱动方式	4×4全轮驱动；2WD/4WD
2	发动机	Rotax ACE 900 cc/143 kW，涡轮增压、电子喷射、三缸、液冷、汽油发动机
3	变速箱	PRO-TORQ 变速箱；CVT+L/H/N/R/P、可锁定的动态前差速器、两驱/四驱带前差速锁/四驱拖车
4	转向系统	DPS
5	整备质量/kg	747
6	货箱载荷/kg	91
7	整车/(长×宽×高)/mm³	3 353×1 847×1 740
8	轴距/mm	2 591
9	最小离地间隙/mm	406
10	油箱容积/L	40
11	最小离地间隙/mm	前：带防倾杆的双A臂/行程559 mm+FOX 2.5 PODIUM背驮式减震器　后：带防倾杆的4连杆扭力纵臂X/行程610 mm+FOX 3.0 PODIUM 分离式减震器
12	制动方式	前：液压双活塞钳式双262 mm通风盘式制动器　后：液压双活塞钳式双248 mm通风盘式制动器
13	轮辋参数	铸铝14 in(带防脱圈)
14	轮胎参数/in	前：Maxxis Bighorn 2.0 30×9×14　后：Maxxis Bighorn 2.0 30×11×14
15	蓄电池	12 V(30 A·h)
16	其他配置	7.6 in(19.3 cm)宽数字显示；中控台轻型直流电源；LED头灯和尾灯；一体式前保险杠；四分之一车门；全顶棚；带肩垫的四点式安全带；HMWPE重型全保护板；后拖钩

MAVERICK 系列		
MAVERICK X3 DS TURBO	MAVERICK X3 X DS TURBO RR	MAVERICK X3 X RS TURBO RR
MAVERICK SPORT	MAVERICK SPORT X XC	MAVERICK SPORT X MR
MAVERICK X3 MAX X MR TURBO RR	MAVERICK SPORT MAX DPS	MAVERICK TRAIL DPS

第6章 FNSS-Pars Ⅲ 8×8 全地形车

FNSS-Pars Ⅲ 8×8 全地形车产自美国,构造布局见图 6-1。该车型具备两栖行驶能力。驾驶舱位于车体前部,双人驾驶室可提供 180°的水平视野,发动机舱在中部,后部为载员舱。载员舱座椅采用减震阻力座椅,可有效避免底部爆破对人员的伤害,乘坐安全性和舒适性较高。全轮转向和 1 轴、4 轴同步转向,该车型具备转向半径小与高速稳定性强的特点,匹配 8 轮双横臂独立悬架+油气减震,可实现底盘升降功能,可适应不同路况高速行驶。FNSS-Pars Ⅲ 8×8 全地形车主要性能指标见表 6-1。

▲ 图 6-1 FNSS-Pars Ⅲ 8×8 全地形车

表 6-1 FNSS-Pars Ⅲ 8×8 全地形车主要性能指标

序 号	项 目	主要参数
1	驱动方式	8×8全轮驱动
2	发动机	柴油发动机
3	变速箱	7速AT
4	乘员人数/人	9+3
5	战斗全重/kg	30 000
6	整车/(长×宽×高)/mm³	8 000×3 000×2 400
7	最小转弯半径/m	<8

续表

序　号	项　目	主要参数
8	最高车速/最低航速/(km·h⁻¹)	100/3
9	接近角/(°),离去角/(°)	50,40
10	续驶里程/km	800
11	最大爬坡度/(%)	60
12	最大侧坡行驶/(%)	30
13	越障高度/m,越壕宽度/m	0.7,2
14	悬架系统	双横臂独立悬架,油气弹簧
15	空运载具	A400,C17,C5

第7章 Flyer-60/72/M1288 全地形车

Flyer-60/72/M1288 全地形车产自美国,构造布局见图7-1。Flyer 系列车型是由 General Dynamics 和 Flyer Defence 开发的一系列车辆的战术多用途车,搭载缸内直喷涡轮增压柴油动力系统和 6AT 变速箱。该车型有效载荷容量超过 1 588 kg,可以提供最多9人驾乘空间,并可以携带多种武器。Flyer-72 能够在 CH-47 和 C-130 飞机上进行内部运输。该车型系适合恶劣、崎岖地形,同时在各种天气条件下都可以实现越野机动。Flyer-60/72/M1288 全地形车主要性能指标见表7-1。

▲ 图 7-1 Flyer-60/72/M1288 全地形车

表 7-1 Flyer-60/72/M1288 全地形车主要性能指标

序号	项 目	主要参数		
1	驱动方式	60(A-)GMV1.1	72(A-)GMV1.1	M1288 GMV1.1
2	发动机	1.95 L缸内直喷、涡轮增压、柴油发动机/(JP8)145 kW		
3	变速箱	6AT		
4	战斗全重/kg	2 043	2 495	3 103
5	有效载荷/kg	1 588	2 585	4 360
6	整车/(长×宽×高)/mm³	4.57×1.52×1.52	4.9×1.83×1.52	5.33×2.02×1.52
7	乘员人数/人	2+2	3+3+2+1(机枪手)	6/7

续表

序　号	项　目	主要参数		
8	轴距/mm	3 200		
9	最高车速/(km·h⁻¹)	121	153	118
10	纵向通过角/(°)	153		
11	最小离地间隙/mm	430		
12	油箱容积/L	98	98	145
13	续驶里程/km	560	480	657

第 8 章　GMD-ISV 全地形车

GMD-ISV 全地形车产自美国,是由通用汽车(GM)与悍马合作为美国陆军打造的新型战术多用途车,该车型搭载涡轮增压柴油动力系统和 6AT 变速箱与电子控制的差速器的 4 驱传动系统。悬挂系统与雪佛兰 Performance DSSV 运动型减震器相同,适合恶劣、崎岖地形机动。ISV 可以提供最多 9 人驾乘空间,能够在 CH-47 和 C-130 飞机上进行内部运输和 UH-60 吊运,同时在各种天气条件下都可以实现越野机动。GMD-ISV 全地形车主要性能指标见表 8-1。

▲ 图 8-1　GMD-ISV 全地形车

表 8-1　GMD-ISV 全地形车主要性能指标

序　号	项　目	主要参数
1	驱动方式	4×4全轮驱动
2	发动机	2.8LDuramax,涡轮增压、柴油四缸发动机,137kW、500 N·m
3	传动	MP3025G、6速AT、4WD、中央差速器
4	整备质量/kg	2270
5	有效载荷/kg	1453
6	整车/(长×宽×高)/mm³	5 260×2 076×1 877
7	接近角/(°)	46.1
8	离去角/(°)	42
9	纵向通过角/(°)	26.4
10	最小离地间隙/mm	345

第9章　Shaman-AR3983 全地形车

  Shaman-AR3983 全地形车产自俄罗斯,车长6.3 m、宽2.5 m、高2.7 m,构造布局见图9-1。该车型采用3.0 t、直列四缸、涡轮增压、柴油发动机,搭载6速手动变速箱,8×8轮式轴传动,整备质量为4 000 kg,最大有效载荷为1 500 kg。车辆配置有螺旋桨水上推进器,具备水陆两栖行驶能力;8轮独立双横臂悬架系统与轮超低压轮胎组合,满足雪地、沼泽、泥泞等极性路况行驶。Shaman-AR3983 全地形车主要性能指标见表9-1。

▲ 图9-1　Shaman-AR3983 全地形车

表9-1　Shaman-AR3983 全地形车主要性能指标

序　号	项　　目	主要参数
1	驱动方式	8×8轮轴式驱动
2	发动机	3.0 t、直列、四缸、电喷共轨;130kW/350N·m(max);柴油发动机
3	变速箱	6速MT;带锁止差速器
4	整备质量/kg	4 000
5	硬质地面有效载荷/kg	1 500
6	软质地面有效载荷/kg	1 000
7	乘员人数/人	1+8;卧铺:4

续表

序　号	项　目	主要参数
8	整车/(长×宽×高)/mm³	6 300×2 500×2 700
9	轮距/mm	1 950
10	最小转弯半径/m	1.7
11	最高车速/(km·h⁻¹)	80
12	最低车速/(km·h⁻¹)	2
13	水上最高车速/(km·h⁻¹)	7
14	最小离地间隙/mm	450
15	百公里油耗/L	25
16	油箱容积/L	260
17	最大爬坡度/(°)	45
18	最大侧坡行驶/(°)	47
19	轮胎参数/in	X-TRIM 120×600-21,MAX-TRIM 1300×700-21,ROLLING STONE 134×660-21
20	轮辋参数	19×21(X-TRIM/ROLLING STONE),23×21(MAX-TRIM)

第10章 Tinger 系列全地形车

10.1 Tinger Track C500 全地形车

Tinger Track C500 全地形车产自俄罗斯,构造布局见图 10-1。履带式水陆两栖车,采用手把操纵,差速转向,履带行走。该车型搭载 V 型、三缸、液冷、柴油发动机,CVT 无极变速传动,整备质量为 950 kg,最大有效载荷为 500 kg,牵引质量为 800 kg。前后多座椅布置,可搭载 5 名驾乘人员。Tinger Track C500 全地形车主要性能指标见表 10-1。

▲ 图 10-1 Tinger Track C500 全地形车

表 10-1 Tinger Track C500 全地形车主要性能指标

序 号	项 目	主要参数
1	驱动方式	履带式;双列链条
2	发动机	Chery SQR,812 cc/42 kW、V型、三缸、液冷、柴油发动机
3	变速箱	CVT
4	整备质量/kg	950
5	有效载荷/kg	500
6	牵引质量/kg	800
7	乘员人数/人	陆地:5人/水上:4人
8	整车/(长×宽×高)/mm³	3 430×1 945×1 330
9	最高车速/(km·h⁻¹)	35
10	最小离地间隙/mm	330

续表

序 号	项 目	主要参数
11	最大爬坡度/(°)	45
12	最大侧坡行驶/(°)	30
13	越壕宽度/mm	1000
14	越障高度/mm	600
15	驾驶操舵	手把
16	制动类型	液压制动
17	履带宽度/mm	500
18	接地比压/(kg·cm^{-2})	0.04
19	适用环境/℃	−30~30

10.2　Tinger-W8 全地形车

Tinger-W8 全地形车产自俄罗斯,构造布局见图 10-2。该车型搭载 V 型、三缸、液冷、柴油发动机,采用 8×8 轮式链轴驱动,整车具备两栖通行能力。该车型整备质量为 800 kg,装载质量为 500 kg,整车牵引质量为 700 kg,具有较强的灵活性,同时采用前后多座椅布置,具有较高的功能拓展能力与地形通过能力。Tinger-W8 全地形车主要性能指标见表 10-2。

▲ 图 10-2　Tinger-W8 全地形车

表 10-2　Tinger-W8 全地形车主要性能指标

序 号	项 目	主要参数
1	驱动方式	8×8轮式链抽驱动双列链条
2	发动机	Chery SQR,812 cc/42 kW,V型、三缸、液冷、柴油发动机
3	变速箱	CVT

续表

序　号	项　目	主要参数
4	整备质量/kg	800
5	有效载荷/kg	500
6	牵引质量/kg	700
7	乘员人数/人	陆上:6/水上:6
8	整车/(长×宽×高)/mm³	3 100×1 700×1 280
9	最高车速/(km·h⁻¹)	35
10	最小离地间隙/mm	300
11	最大爬坡度/(°)	40
12	最大侧坡行驶/(°)	30
13	越壕宽度/mm	600
14	越障高度/mm	400
15	驾驶操舵	车把
16	制动类型	液压
17	接地比压/(kg·cm⁻²)	0.11
18	轮胎参数	低压胎
19	适用环境/℃	−30~30

第 11 章　北极猫系列全地形车

11.1　Arctic Cat-Wild Cat XX 全地形车

Arctic Cat-Wild Cat XX 全地形车产自美国,构造布局见图 11-1。该车型采用四冲程、直列、三缸、电子喷射、液冷、汽油发动机,传动采用无极变速与 4×4 全轮驱动,具有 2/4 驱转换功能,带差速锁装置,前轮双 A 臂独立长行程悬架,后拖曳臂独立长行程悬架系统装置,保障全地形通行能力。该车型配备双独立座椅与安全带、侧挡门,有效保障人员安全。Arctic Cat-Wild Cat XX 全地形车主要性能指标见表 11-1。

▲ 图 11-1　Arctic Cat-Wild Cat XX 全地形车

表 11-1　Arctic Cat-Wild Cat XX 全地形车主要性能指标

序　号	项　　目	主要参数
1	驱动方式	4×4全轮驱动
2	发动机	998cc/130hp,四冲程、直列、三缸、电子喷射、液冷、汽油发动机,双顶置凸轮轴
3	变速箱	CVT+H/L/N/R/P,二驱/四驱转换,带锁止差速器
4	有效载荷/kg	331.1
5	整备质量/kg	823.7
6	整车/(长×宽×高)/mm³	3 454×1 626×1 715(无顶棚)/1 727(带顶棚)
7	轴距/mm	2 413

续表

序　号	项　目	主要参数
8	最小离地间隙/mm	381
9	悬架类型	前:双摇臂独立悬挂+行程457 mm;后:拖曳臂+行程457 mm
10	转向助力	EPS
11	制动方式	前:液压双活塞;后:液压单活塞
12	驻车方式	变速箱驻车
13	轮辋规格	前/后轮:15in铝制车轮
14	轮胎参数/in	前/后轮:30×10-15
15	油箱容积/L	37.9
16	其他配置	电子冷光液晶仪表板、LED灯具、3点式安全带

11.2　Arctic Cat-Prowler 全地形车

Arctic Cat-Prowler 全地形车产自美国,构造布局见图 11-2。为单排三座车型,采用四冲程、直列、三缸、电子喷射、液冷、汽油发动机;传动采用无极变速与 4×4 全轮驱动,带差速锁、2/4 驱转换功能;前、后轮采用双 A 臂独立悬挂,保障恶劣路况行驶稳定。该车型整备质量为 719 kg,有效载荷为 680 kg。车辆配置翻后货箱、安全带、防翻滚架、顶棚,挡风玻璃等。Arctic Cat-Prowler 全地形车主要性能指标见表 11-2。Prowler 平台包含 ProwlerPro、Prowler 500、ProwlerProCrew 等多个车型(见表 11-3)。

▲ 图 11-2　Arctic Cat-Prowler 全地形车

表 11-2 Arctic Cat-Prowler 全地形车主要性能指标

序 号	项 目	主要参数
1	驱动方式	4×4全轮驱动
2	发动机	812cc/50hp、四冲程、直列、三缸、电子喷射、液冷、汽油发动机,双顶置凸轮轴
3	变速箱	CVT+H/L/N/R/P,二驱/四驱转换,限滑前差速器,电子锁后差速器
4	有效载荷/kg	680
5	整备质量/kg	719
6	牵引质量/kg	907.2
7	乘员人数/人	3
8	整车/(长×宽×高)/mm³	3200×1600×1880
9	轴距/mm	2159
10	最小离地间隙/mm	279
11	悬架类型	前:双A臂独立悬挂+双筒空气弹簧+行程254mm 后:双A臂独立悬挂+双筒空气弹簧+行程241mm
12	转向助力	EPS
13	制动方式	前:液压双活塞;后:液压单活塞
14	驻车方式	变速箱驻车
15	轮辋规格	铝制车轮
16	轮胎参数/in	前轮:29×9-14;后轮:26×11-14
17	油箱容积/L	37.9
18	其他配置	可调节方向盘、数字仪表板、卤素大灯/LED尾灯、3点式安全带、硬质车门、顶棚、乘客握把、2034kg拖力绞盘

表 11-3 Prowler 系列多个车型

Prowler 系列		
ProwlerPro	Prowler 500	ProwlerProCrew

第12章　雅马哈系列全地形车

12.1　YAMAHA-2021 YXZ1000R SS SE 全地形车

YAMAHA-2021 YXZ1000R SS SE全地形车产自日本,构造布局见图12-1。该车型单排二座高性能运动车型,采用四冲程、直列、三缸、电控燃油喷射、汽油机;传动采用自动变速拨片换挡,带差速锁、2/4驱转换功能;前、后轮采用双A臂长行程独立悬挂,保障恶劣路况行驶稳定。该车型整备质量为664 kg,车辆配置安全带、防翻滚架、顶棚,侧挡门等。YAMAHA-2021 YXZ1000R SS SE全地形车主要性能指标见表12-1。该平台包含多个车型(见表12-2)。

▲ 图12-1　YAMAHA-2021 YXZ1000R SS SE 全地形车

表12-1　YAMAHA-2021 YXZ1000R SS SE 全地形车主要性能指标

序　号	项　　目	主要参数
1	驱动方式	4×4全轮驱动
2	发动机	998cc,液冷、DOHC、直列、三缸、12气门、燃油发动机,电控燃油喷射(YFI)
3	变速箱	自动离合器换挡拨片,带倒挡5速序列式变速
4	主减速器	三向锁止式差速器,可选两驱/四驱带差速锁
5	整备质量/kg	无顶棚:664,带顶棚:684
6	货箱装载质量/kg	136
7	整车/(长×宽×高)/mm³	无顶棚:3 147×1 626×1 751,带顶棚:3 147×1 626×1 773
8	轴距/mm	2 300
9	最小转弯半径/m	6

续表

序号	项目	主要参数
10	最小离地间隙/mm	335
11	悬架类型	前:独立双A臂+防倾杆+全可调减震器+411mm行程 后:独立双A臂+防倾杆+全可调减震器+432mm行程
12	制动类型	前/后:双液压盘式
13	轮胎参数/in	前轮:29×9-14;Maxxis M917-8PR 后轮:29×11-14;Maxxis M918-8PR
14	油箱容积/L	34
15	选配	音频选件、照明、高性能涡轮套件、独家越野GPS系统

表 12-2 UTV 运动系列多个车型

UTV 运动系列		
2021 YXZ1000R SS	2021 YXZ1000R	2021 YXZ1000R SE

12.2　YAMAHA-2021 Viking VI EPS Ranch Edition 全地形车

　　YAMAHA-2021 Viking VI EPS Ranch Edition 全地形车产自日本,构造布局见图 12-2。该车型为双排独立六座实用车型,采用四冲程、液冷、四气门、汽油发动机,传动采用无极变速与 4×4 全轮驱动,带差速锁、2/4 驱转换功能;前、后轮采用双 A 臂独立悬挂,保障恶劣路况行驶稳定。该车型整备质量为 761 kg,有效载荷为 680 kg。车辆配置后货箱、安全带、防翻滚架、软顶棚等。YAMAHA-2021 Viking VI EPS Ranch Edition 全地形车主要性能指标见表 12-3。该平台包含多个车型(见表 12-4)。

▲ 图 12-2　YAMAHA-2021 Viking VI EPS Ranch Edition 全地形车

表 12-3　YAMAHA-2021 Viking VI EPS Ranch Edition 全地形车主要性能指标

序　号	项　目	主要参数
1	驱动方式	4×4全轮驱动
2	发动机	686cc,四冲程、液冷、SOHC、四气门、汽油发动机,燃油喷射(YFI),TCI:晶体管控制点火,电起动
3	变速箱	Ultramatic V型皮带,全轮反拖制动;具有L,H,N,R挡位
4	主减速器	三向锁止式差速器,两驱/四驱/锁定四驱
5	整备质量/kg	761
6	牵引质量/kg	680
7	货箱装载质量/kg	272
8	乘员人数/人	6
9	整车/(长×宽×高)/mm³	4 050×1 625×1 945
10	轴距/mm	2 935
11	最小转弯半径/m	6.2
12	最小离地间隙/mm	290
13	悬架类型	前:独立双A臂+206mm行程 后:独立双A臂+防倾杆+206mm行程
14	制动类型	前/后轮:双液压盘式
15	轮胎参数/in	前:AT25×8-12;后:AT25×9-12
16	油箱容积/L	37
17	其他配置	数字仪表、铝制轮毂、软顶棚、后视中央镜、挡泥板、底座储物箱、车厢扶手杆、前刷护板和底部防滑钢板

表 12-4　UTV 家用 Viking 系列多个车型

UTV 实用 Viking 系列		
2021 YXZ1000R SS	2021 Viking EPS Ranch	2021 Viking EPS
Viking EPS SE	Viking	

12.3 YAMAHA-2021 Wolverine RMAX4 1000 全地形车

　　YAMAHA-2021 Wolverine RMAX4 1000 全地形车产自日本,构造布局见图12-3。该车型为双排独立四座车型,采用四冲程、液冷、八气门、汽油发动机;传动采用无极变速与4×4全轮驱动,带差速锁、2/4驱转换功能;前、后轮采用双A臂长行程独立悬挂,保障恶劣路况行驶稳定。该车型整备质量为883 kg,整车牵引质量为907kg。车辆配置后安全带、防翻滚架、顶棚、侧挡门等。该平台包含多个车型(见表12-6)。YAMAHA-2021 Wolverine RMAX4 1000 全地形车主要性能指标见表12-6。

▲ 图 12-3　YAMAHA-2021 Wolverine RMAX4 1000 全地形车

表 12-5　YAMAHA-2021 Wolverine RMAX4 1000 全地形车主要性能指标

序　号	项　目	主要参数
1	驱动方式	4×4全轮驱动
2	发动机	999cc/108kW,四冲程、液冷,八气门,汽油发动机,电控燃油喷射器(YFI),电起动
3	变速箱	Ultramatic V型皮带,全轮反拖制动;L,H,N,R
4	主减速器	三向锁止差速器,两驱/四驱/全四驱/差速锁
5	整备质量/kg	883
6	牵引质量/kg	907
7	货箱装载质量/kg	272(2座车型)
8	乘员人数/人	4
9	整车/(长×宽×高)/mm³	无顶棚:3 255×1 677×2 042
10	轴距/mm	2290
11	最小转弯半径/m	6
12	最小离地间隙/mm	340
13	悬架类型	前:独立双A臂+防倾杆+FOX QS3负背式减震+361.1 mm行程 后:独立双A臂+防倾杆+FOX QS3负背式减震+337.8 mm行程

续表

序　号	项　目	主要参数
14	制动类型	前/后轮:双液压盘式
15	轮胎参数	前轮:AT29×9-14;GBC Dirt Commander 后轮:AT29×11-14;GBC Dirt Commander
16	油箱容积/L	35

表 12-6　UTV 家用 Wolverine 系列多个车型

UTV 实用 Wolverine 系列		
2021 Wolverine RMAX2 1000	2021 Wolverine X4	2021 YXZ1000R SE

第13章 川崎 Kawasaki-2021 MULE SX 全地形车

Kawasaki-2021 MULE SX 全地形车产自日本,构造布局见图13-1。该车型为单排三座车型,采用四冲程、单缸、风冷、汽油发动机;传动采用无极变速与4×4全轮驱动,带差速锁、2/4驱转换功能;前轮采用麦弗逊独立悬架、后轮采用单纵臂独立悬架。该车型整备质量为439 kg,整车牵引质量为499 kg。车辆配置安全带、防翻滚架等。Kawasaki-2021 MULE SX 全地形车主要性能指标见表13-1。

▲ 图 13-1 Kawasaki-2021 MULE SX 全地形车

表 13-1 Kawasaki -2021 MULE SX 全地形车主要性能指标

序 号	项 目	主要参数
1	驱动方式	4×2全轮驱动
2	发动机	401cc,四冲程、单缸、OHV,风冷、汽油发动机
3	变速箱	CVT+L/H/N/R
4	主减速器	带差速锁的双模后差速器
5	整备质量/kg	439
6	牵引质量/kg	499
7	有效载荷/kg	420
8	整车/(长×宽×高)/mm³	2 170×1 336×1780
9	轴距/mm	1780

续表

序　号	项　目	主要参数
10	最小转弯半径/m	3.3
11	最小离地间隙/mm	155
12	悬架类型	前:麦弗逊+78.7mm车轮行程 后:单纵臂+78.7mm车轮行程
13	制动类型	前/后轮:鼓式制动器
14	轮胎参数/in	前轮:22×9-10;后轮:22×11-10
15	油箱容积/L	16
16	其他配置	燃油表、小时表、油温灯、驻车制动灯

第14章 西贝虎系列全地形车

14.1 XBH 6×6-2(A)水陆两栖全地形车

XBH 6×6-2(A)水陆两栖全地形车产自中国,构造布局见图14-1。该车型搭载四缸、液冷、电子喷射发动机,采用6×6全轮链驱动,整车具备两栖通行能力。该车型整备质量为800 kg,陆地装载质量为500 kg,水上装载质量为400 kg,具备多种选配模块,具有较强的灵活性。同时采用多排连座布置,具有较高的运载拓展能力与地形通过能力。XBH 6×6-2(A)水陆两栖全地形车主要性能指标见表14-1。

▲ 图14-1 XBH 6×6-2(A)水陆两栖全地形车

表14-1 XBH 6×6-2(A)水陆两栖全地形车主要性能指标

序 号	项 目	主要参数
1	驱动方式	陆地:6×6全轮驱动;水上:全轮驱动/内置轴流喷泵;皮带、链条传动
2	发动机	SQR472,1 083 mL/50 kW,立式、四缸、液冷、四冲程、直列顶置双凸轮轴,多点电控汽油顺序喷射,汽油93#
3	变速箱	CVT+2前进挡、空挡、倒挡
4	有效载荷/kg	陆地:500/水上:400(或6人)
5	整备质量/kg	800
6	整车/(长×宽×高)/mm³	3 160×1 720×1 230
7	轮距/mm	1 420
8	轴距/mm	935+1 070
9	最小离地间隙/mm	260

续表

序 号	项 目	主要参数
10	最小转弯半径/m	0.71
11	最高车速/(km·h⁻¹)	陆地:65/水上:5(轮胎划水)/12 km(内置喷泵)
12	最大爬坡度/(°)	32
13	接近角/(°)	64
14	离去角/(°)	78
15	制动方式	前/后轮:钳盘式液压制动器
16	扬程	28 m(装喷泵时)
17	水中推力	1 200 N(装喷泵时)
18	油箱容积/L	38
19	轮胎参数/in	前/后轮:28×12-12NHS;轮胎气压:14 psi(96.5 kPa)
20	电气系统	12 V/60 A·h
21	选配	可调座椅(前排)、保险杠、绞盘、排水装置、牵引球头与座、组合充电插座、挡风窗、刮水器、车篷、侧翻架、警灯、搜索越野灯、暖风系统、防浪板、推雪铲、气垫、工具袋、车罩等

14.2　XBH 6×6-1 水陆两栖全地形车

XBH 6×6-1 水陆两栖全地形车产自中国,构造布局见图 14-2。该车型搭载立式、双缸、液冷、电子喷射发动机,采用 6×6 轮式链驱动,整车具备两栖通行能力。该车型整备质量为 680 kg,陆地装载质量为 400 kg,水上装载质量为 260 kg,具备多种选配模块,具有较强的灵活性。同时采用多排连座布置,具有较高的运载拓展能力与地形通过能力。XBH 6×6-1 水陆两栖全地形车主要性能指标见表 14-2。

▲ 图 14-2　XBH 6×6-1 全地形车

表 14-2　XBH 6×6-1 全地形车主要性能指标

序　号	项　目	主要参数
1	驱动方式	陆地:6×6全轮驱动;水上:全轮驱动或舷外机;皮带、链条传动
2	发动机	SQRB2G06,586 mL/26 kW,立式、双缸、液冷、四冲程、直列顶置双凸轮轴,多点电控汽油顺序喷射,93#汽油
3	变速箱	CVT+2前进挡、空挡、倒挡
4	有效载荷/kg	陆地:400(或4人);水上:260(或2人)
5	整备质量/kg	680
6	整车/(长×宽×高)/mm³	2 710×1 720×1 980
7	轮距/mm	1 420
8	轴距/mm	730+730
9	最小离地间隙/mm	214
10	最小转弯半径/m	0.71
11	最高车速/(km·h⁻¹)	陆地:45;水上:5(轮胎划水);12(舷外机)
12	最大爬坡度/(°)	32
13	接近角/(°)	50
14	离去角/(°)	46
15	制动方式	前/后轮:钳盘式液压制动器
16	轮胎参数/in	前/后轮:28×12-12NHS;轮胎气压:14 psi(96.5 kPa)
17	电气系统	12 V/60 A·h
18	油箱容积/L	38
19	选配	保险杠、绞盘、排水装置、牵引球头与座、后脚踏板、挡风窗、侧翻架、顶棚、警灯、搜索越野灯、组合充电插座、舷外机、橡胶履带、气垫、防浪板、推雪铲、工具袋、车罩等

14.3　XBH 6×6-1 水陆两栖全地形履带车

XBH 6×6-1 水陆两栖全地形履带车产自中国,构造布局见图 14-3。该车型搭载双缸、液冷、电子喷射发动机,采用链传动方式,履带行走,整车具备两栖通行能力。该车型整备质量为 800 kg,陆地装载质量为 400 kg。具备多种选配模块,具有较强的灵活性。同时采用多排连座布置,具有较高的运载拓展能力与地形通过能力。XBH 6×6-1 水陆两栖全地形车履带主要性能指标见表 14-3。

▲ 图 14-3　XBH 6×6-1 水陆两栖全地形履带车

表 14-3　XBH 6×6-1 水陆两栖全地形履带车主要性能指标

序 号	项 目	主要参数
1	驱动方式	履带驱动;皮带、链条传动
2	发动机	SQRB2G06,586 mL/26 kW,双缸、液冷、四冲程、直列顶置双凸轮轴,多点电控汽油顺序喷射;93#汽油
3	变速箱	CVT+2前进挡、空挡、倒挡
4	有效载荷/kg	400(或4人)
5	整备质量/kg	800
6	整车/(长×宽×高)/mm³	2 670×1 600×1 380/3 730(含炮管)×1 600×1 380
7	履带接地长/mm	1480
8	履带中心距/mm	1 313
9	最小离地间隙/mm	180
10	最小转弯半径/m	1.6
11	最高车速/(km·h⁻¹)	25
12	最大爬坡度/(°)	32
13	接近角/(°)	45
14	离去角/(°)	30
15	涉水深度/mm	500
16	履带规格	230×72×68
17	电气系统	12 V/60 A·h
18	选配	炮筒、牵引球头与座、后脚踏板、组合充电插座、音响、激光模拟对抗系统、仿真枪等

14.4　XBH 8×8-2 水陆两栖全地形车

XBH 8×8-2 水陆两栖全地形车产自中国,构造布局见图 14-4。该车型搭载立式、三缸、液冷、电子喷射发动机,采用 8×8 轮式链驱动,整车具备两栖通行能力,可加装水上舷外机。该车型整备质量为750 kg,陆地装载质量为550 kg,水上装载质量为400 kg,具备多种选配模块,具有较强的灵活性。同时采用多排连座布置,具有较高的运载拓展能力与地形通过能力。XBH 8×8-2 水陆两栖全地形车主要性能指标见表14-4。

▲ 图 14-4　XBH 8×8-2 水陆两栖全地形车

表 14-4　XBH 8×8-2 水陆两栖全地形车主要性能指标

序　号	项　目	主要参数
1	驱动方式	陆地:8×8全轮驱动;水上:全轮驱动或舷外机;皮带、链条传动
2	发动机	SQR372,812 mL/39 kW,立式、三缸、液冷
3	变速箱	CVT+2前进挡、空挡、倒挡
4	有效载荷/kg	陆地:550(或6人)水上:400(或4人)
5	整备质量/kg	750
6	整车/(长×宽×高)/mm³	3 160×1 720×1 150
7	轮距/mm	1 420
8	轴距/mm	670+670+670
9	最小离地间隙/mm	180
10	最高车速/(km·h⁻¹)	陆地:45/水上5(轮胎划水);/水上12(11.3 kw舷外机)
11	最大爬坡度/(°)	32
12	接近角/(°),离去角/(°)	54,57
13	轮胎参数/in	前/后轮:25×12(11.5)-9NHS(轮胎气压:5~7 psi)
14	电气系统	前/后轮:12 V/60 A·h
15	选配	可调座椅(前排)、保险杠、绞盘、排水装置、牵引球头与座、后脚踏板、组合充电插座、挡风窗、刮水器、车蓬、侧翻架、警灯、搜索越野灯、暖风系统、舷外机、履带、防浪板、推雪铲、气垫、工具袋、车罩等

14.5　XBH 8×8-2A 全地形车

XBH 8×8-2A 全地形车产自中国,构造布局见图 14-5。该车型搭载立式、三缸、液冷、电子喷射发动机,采用 8×8 轮式链驱动,内置轴流喷泵推进器,整车具备两栖通行能力。该车型整备质量为 830 kg,陆地装载质量为 550 kg,水上装载质量为 400 kg,具备多种选配模块,具有较强的灵活性。同时采用多排连座布置,具有较高的运载拓展能力与地形通过能力。XBH 8×8-2A 全地形车主要性能指标见表 14-5。

▲ 图 14-5　XBH 8×8-2A 全地形车

表 14-5　XBH 8×8-2A 全地形车主要性能指标

序　号	项　目	主要参数
1	驱动方式	陆地:8×8全轮驱动;水上:内置喷泵推进器
2	发动机	SQR372,812 mL/39 kW,立式、三缸、液冷发动机
3	变速箱	CVT+2前进挡、空挡、倒挡
4	有效载荷/kg	陆地:550(或6人)/水上:400(或4人)
5	整备质量/kg	830
6	整车/(长×宽×高)/mm³	3 160×1 720×1 150
7	轮距/mm	1420
8	轴距/mm	935+1 070
9	最小离地间隙/mm	180
10	最高车速/(km·h⁻¹)	陆地:65/水上:12
11	最大爬坡度/(°)	32
12	接近角/(°),离去角/(°)	54,57
13	水上推力/N	1 200 N(喷管推进)
14	轮胎参数/in	前/后轮:25×12(11.5)-9NHS(轮胎气压:5~7 psi)
15	电气系统	12 V/60A·h
16	选配	可调座椅(前排)、保险杠、绞盘、排水装置、牵引装置、后脚踏板、组合充电插座、挡风窗、刮水器、车篷、侧翻架、警灯、搜索越野灯、暖风系统、履带、防浪板、推雪铲、气垫、工具袋、车罩等

14.6 XBH 8×8-3(A)水陆两栖全地形车

XBH 8×8-3(A)水陆两栖全地形车产自中国,构造布局见图14-6。该车型搭载立式、四缸、液冷、电子喷射发动机,采用8×8轮式链驱动,内置轴流喷泵推进器,整车具备两栖通行能力。整备质量为820 kg,陆地装载质量为550 kg,水上装载质量为400 kg,具备多种选配模块,具有较强的灵活性。同时采用多排连座布置,具有较高的运载拓展能力与地形通过能力。XBH 8×8-3(A)水陆两栖全地形车主要性能指标见表14-6。

▲ 图 14-6 XBH 8×8-3(A)水陆两栖全地形车

表 14-6 XBH 8×8-3(A)水陆两栖全地形车主要性能指标

序 号	项 目	主要参数
1	驱动方式	陆地:8×8全轮驱动;水上:内置喷泵推进器
2	发动机	SQR472,1083 mL/50 kW,立式、四缸、液冷发动机
3	变速箱	CVT+2前进挡、空挡、倒挡
4	有效载荷/kg	陆地:550(或6人)/水上:400(或4人)
5	整备质量/kg	820
6	整车/(长×宽×高)/mm³	3 160×1 720×1 150
7	轮距/mm	1420
8	轴距/mm	670+670+670
9	最小离地间隙/mm	180
10	最高车速/(km·h⁻¹)	陆地:45;水上:12
11	最大爬坡度/(°)	32
12	接近角(°)、离去角(°0)	54,57
13	水上推力/N	1200N(喷管推进)
14	轮胎参数/in	前/后轮:25×12(11.5)-9NHS(轮胎气压:5~7psi)
15	电气系统	12 V/60 A·h
16	油箱容积/L	38
17	选配	可调座椅(前排)、保险杠、绞盘、排水装置、牵引球头与座、组合充电插座、挡风窗、刮水器、车篷、侧翻架、警灯、搜索越野灯、暖风系统、履带、防浪板、推雪铲、气垫、工具袋、储物箱、车罩等

第15章 春风系列全地形车

15.1 春风-ZFORCE 1000 SPORT 全地形车

春风-ZFORCE 1000 SPORT 全地形车产自中国,构造布局见图15-1。该车型采用四冲程、V型、双缸、电子喷射、液冷、汽油发动机;传动采用无极变速与4×4全轮驱动,具有2/4驱转换功能;前轮采用双A臂独立悬挂,后轮采用多连杆独立悬挂系统,保障全地形疾驶通行能力。该车型整备质量为685 kg,有效载荷为290 kg,车辆设置安全带、防翻滚架、侧挡门,保障人员安全。春风-ZFORCE 1000 SPORT 全地形车主要性能指标见表15-1。

▲ 图 15-1　春风-ZFORCE 1000 SPORT 全地形车

表 15-1　春风-ZFORCE 1000 SPORT 全地形车主要性能指标

序　号	项　目	主要参数
1	驱动方式	4×4全轮驱动
2	发动机	963.6 cc/59 kW,四冲程、V型、双缸、电子喷射、液冷、汽油发动机
3	变速箱	CVT,二驱/四驱电控转换
4	有效载荷/kg	290
5	整备质量/kg	685
6	整车/(长×宽×高)/mm³	3 020×1 650×1 850
7	轮距/mm	2 285

续表

序 号	项 目	主要参数
8	最小离地间隙/mm	340
9	最小转弯半径/m	11
10	悬架类型	前:双A臂独立悬挂+螺旋弹簧+气阻 后:多连杆独立悬挂+螺旋弹簧+气阻
11	制动方式	四轮:轮边制动(CBS)+后轮轮边驻车
12	轮辋规格/in	前轮:14×7.0 AT/后轮:14×8.0 AT
13	轮胎参数/in	前轮:29×9.00R14;后轮:29×11.00R14
14	油箱容积/L	36.5
15	其他配置	LED灯具、5 in多功能TFT彩屏仪表、EPS、1590 kg电动绞盘、拖挂球头、牵引质量250 kg

15.2 春风-ZFORCE 550 EX 全地形车

春风-ZFORCE 550 EX 全地形车产自中国,构造布局见图15-2。该车型采用四冲程、单缸、电子喷射、液冷、汽油发动机;传动采用无极变速与4×4全轮驱动,具有2/4驱转换功能;前、后轮采用双A臂独立悬挂,保障恶劣路况行驶稳定。该车型整备质量为580 kg,有效载荷为310 kg,车辆设置安全带、防翻滚架,保障人员安全。春风-ZFORCE 550 EX 全地形车主要性能指标见表15-2。

▲ 图 15-2 春风-ZFORCE 550 EX 全地形车

表 15-2 春风-ZFORCE 550 EX 全地形车主要性能指标

序 号	项 目	主要参数
1	驱动方式	4×4全轮驱动
2	发动机	495 cc/28 kW,四冲程、单缸、液冷、电子喷射发动机
3	变速箱	CVT,二驱/四驱电控转换

续表

序　号	项　目	主要参数
4	有效载荷/kg	310
5	整备质量/kg	580
6	整车/（长×宽×高）/mm³	2 870×1 510×1 830
7	轮距/mm	2 040
8	最小离地间隙/mm	305
9	最小转弯半径/m	9.5
10	悬架类型	前/后:双摇臂独立悬挂+气弹簧+螺旋弹簧+油液阻尼
11	悬架行程/mm	前:230;后:240
12	制动方式	液压盘式
13	轮辋规格/in	前轮:14×7.0 AT/12×6.0 AT ,铝合金/辐板; 后轮:14×8.0 AT/12×7.5 AT ,铝合金/辐板
14	轮胎参数/in	前轮:25×8.00-12,26×9.00-12/26×9.00-14; 后轮:25×10.00-12,26×11.00-12/26×11.00-14
15	其他配置	电子冷光液晶仪表板、LED灯具

15.3　春风-UFORCE 1000 全地形车

春风-UFORCE 1000 全地形车产自中国,构造布局见图 15-3。采用四冲程、V 型、双缸、电子喷射、液冷汽油发动机;传动采用无极变速与 4×4 全轮驱动,具有 2/4 驱转换功能;前、后轮采用双 A 臂独立悬挂,保障恶劣路况行驶稳定。整备质量为 690 kg,有效载荷为 685 kg,车辆设置安全带、防翻滚架、软/硬门可选,保障人员安全。春风-UFORCE 1000 全地形车主要性能指标见表 15-3。

▲ 图 15-3　春风-UFORCE 1000 全地形车

表 15-3　春风-UFORCE 1000 全地形车主要性能指标

序　号	项　目	主要参数
1	驱动方式	4×4全轮驱动
2	发动机	963 cc/53 kW,四冲程、V型、双缸、电子喷射、液冷汽油发动机
3	变速箱	CVT,二驱/四驱电控转换
4	有效载荷/kg	685
5	整备质量/kg	690
6	整车/(长×宽×高)/mm³	2 945×1 615×1 850
7	轮距/mm	2 050
8	最小离地间隙/mm	280
9	最小转弯半径/m	8.2
10	悬架类型	前/后:双摇臂独立悬挂+螺旋弹簧+油阻尼式
11	悬架行程/mm	前:230;后:240
12	制动方式	四轮:轮边制动(CBS);后轮:轮边驻车
13	轮辋规格/in	前轮:14×7.0;后轮:14×8.0
14	轮胎参数/in	前轮:27×9.00R14 8PR;后轮:27×11.00R14 8PR
15	油箱容积/L	40
16	其他配置	前置多功能置物箱,后置可升降后货箱;高性能纳米胶体电池

15.4　春风-CFORCE 450 L 全地形车

春风-CFORCE 450 L 全地形车产自中国,构造布局见图 15-4。该车型采用单缸、水冷、四冲程、四气门、汽油发动机,传动采用无极变速与 4×4 全轮驱动,具有 2/4 驱电控转换功能,匹配 4 轮双摇臂独立悬挂系统,保障全地形通行能力。该车型整备质量为 370 kg,最大载荷为 230 kg,一体式双人竖列座椅,手把操纵。春风-CFORCE 450 L 全地形车主要性能指标见表 15-4。

▲ 15-4　春风-CFORCE 450 L 全地形车

表 15-4　春风-CFORCE 450 L 全地形车主要性能指标

序　号	项　目	主要参数
1	驱动方式	4×4全轮驱动
2	发动机	400 cc/22.5 kW，单缸、水冷、四冲程、四气门、汽油汽油机
3	变速箱	无极变速，全轮驱动/可切换两驱
4	整备质量/kg	370
5	有效载荷/kg	230
6	驾乘人数/人	2
7	整车/（长×宽×高）/mm³	2 305×1 100×1350
8	最小离地间隙/mm	250
9	最小转弯直径/m	8.5
10	轴距/mm	1460
11	制动方式	前轮轮边制动+后轮中轴制动
12	悬架类型	前/后轮：双摇臂独立悬架
13	油箱容积/L	14
14	轮辋规格/in	前轮：12×6.0 AT，铝合金/辐板； 后轮：12×7.5 AT，轻合金/辐板
15	轮胎参数/in	前轮：AT 24×8.00-12；后轮：AT 24×10.00-12

15.5　春风-CFORCE 625 TOURING 全地形车

春风-CFORCE 625 TOURING 全地形车产自中国，构造布局见图 15-5。采用单缸、水冷、四冲程、四气门、汽油发动机，传动采用无极变速与 4×4 全轮驱动，具有 2/4 驱电控转换功能，匹配 4 轮双摇臂独立悬挂系统，保障全地形通行能力。整备质量为 395 kg，最大载荷为 230 kg，一体式双人竖列座椅，手把操纵。春风-CFORCE 625 TOURING 全地形车主要性能指标见表 15-5。

▲ 图 15-5　春风-CFORCE 625 TOURING 全地形车

表 15-5　春风-CFORCE 625 TOURING 全地形车主要性能指标

序　号	项　目	主要参数
1	驱动方式	4×4全轮驱动
2	发动机	580cc/30kW;单缸、水冷、四冲程、四气门、汽油发动机
3	变速箱	无极变速;全轮驱动/可切换两驱
4	整备质量/kg	395(不带插拖挂,不带绞盘,不带EPS)
5	有效载荷/kg	230
6	驾乘人数/人	2
7	整车/(长×宽×高)/mm³	2 235×1 180×1 390
8	最小离地间隙/mm	230
9	最小转弯直径/m	7.4
10	轴距/mm	1 460
11	制动方式	四轮轮边制动(CBS);后轮:轮边驻车
12	悬架类型	前/后:双摇臂独立悬架
13	油箱容积/L	18
14	轮辋规格/in	前轮:12×6.0 AT;后轮:12×7.5 AT
15	轮胎参数/in	前轮:25×8.0-12;后轮:25×10.00-12

15.6　春风-CFORCE 850 XC 全地形车

春风-CFORCE 850 XC 全地形车产自中国,构造布局见图15-6。该车型采用V型、双缸、电子喷射、水冷、四冲程、SOHC、八气门、汽油发动机,传动采用无极变速与4×4全轮驱动,具有2/4驱电控转换功能,匹配前轮双摇臂独立悬挂与后轮拖拽式独立悬挂系统,保障全地形通行能力;配置EPS助力转向,低速驾驶轻便。该车型整备质量为480 kg,最大载荷为240 kg,一体式双人竖列座椅,手把操纵。春风-CFORCE 850 XC 全地形车主要性能指标见表15-6。

▲ 图 15-6　春风-CFORCE 850 XC 全地形车

表 15-6　春风-CFORCE 850 XC 全地形车主要性能指标

序　号	项　目	主要参数
1	驱动方式	4×4全轮驱动
2	发动机	800 cc/45 kW;V型、双缸、四冲程、水冷、汽油发动机
3	变速箱	无极变速;全轮驱动/可切换两驱
4	整备质量/kg	480
5	有效载荷/kg	240
6	驾乘人数/人	2
7	整车/(长×宽×高)/mm³	2 310×1 264×1 420
8	最小离地间隙/mm	285
9	最小转弯直径/m	7.8
10	轴距/mm	1 480
11	制动方式	四轮轮边制动(CBS)+后轮轮边驻车
12	悬架类型	前:双摇臂独立悬挂;后:拖拽式独立悬挂
13	油箱容积/L	30
14	轮辋规格/in	前轮:14×7.0 AT;后轮:14×8.0 AT
15	轮胎参数/in	前轮:26×9.0-14/27×9.0-12; 后轮:26×11.0-14/27×11.0-12

15.7　春风-CFORCE 1000 全地形车

春风-CFORCE 1000 全地形车产自中国,构造布局见图 15-7。该车型采用V型、双缸、电子喷射、水冷、四冲程、SOHC、八气门、汽油发动机,传动采用无极变速与4×4全轮驱动,具有2/4驱电控转换功能,匹配前轮双摇臂独立悬挂与后轮拖拽式独立悬挂系统,保障全地形通行能力;配置EPS助力转向,低速驾驶轻便。该车型整备质量为490 kg,最大载荷为240 kg,一体式双人竖列座椅,手把操纵。春风-CFORCE 1000 全地形车主要性能指标见表15-7。

▲ 图 15-7　春风-CFORCE 1000 全地形车

123

表 15-7　春风-CFORCE 1000 全地形车主要性能指标

序　号	项　目	主要参数
1	驱动方式	4×4全轮驱动
2	发动机	963 cc/55 kW、V型、双缸、电子喷射、水冷、四冲程、SOHC、八汽门、汽油发动机
3	变速箱	无极变速,全轮驱动/可切换两驱/自动差速锁
4	整备质量/kg	490
5	有效载荷/kg	240
6	驾乘人数/人	2
7	整车/(长×宽×高)/mm³	2310×1264×1420
8	最小离地间隙/mm	300
9	最小转弯直径/m	7.8
10	轴距/mm	1480
11	制动方式	前/后轮:后液压盘式碟刹
12	悬架类型	前:双摇臂独立悬挂/后:拖拽式独立悬挂
13	油箱容积/L	30
14	轮辋规格/in	前轮:14×7.0 AT/后轮:14×8.0 AT
15	轮胎参数/in	前轮:27×9R14 AT/后轮:27×11R14 AT

第16章 环松系列全地形车

16.1 环松-HS1000UTV 全地形车

环松-HS1000UTV 全地形车产自中国,构造布局见图 16-1。该车型为单排两座车型,采用四冲程、V 型、双缸、电子喷射、液冷、汽油发动机;传动采用无极变速与 4×4 全轮驱动,带差速锁、2/4 驱转换功能;前、后轮采用双 A 臂独立悬挂,保障恶劣路况行驶稳定。该车型整备质量为 690kg,有效载荷为 685kg,车辆配置安全带、防翻滚架、软门、顶棚、挡风玻璃等。环松-HS1000UTV 全地形车主要性能指标见表 16-1。

▲ 图 16-1 环松-HS1000UTV 全地形车

表 16-1 环松-HS1000UTV 全地形车主要性能指标

序 号	项 目	主要参数
1	驱动方式	4×4全轮驱动
2	发动机	976cc/50kW;V型、双缸、四气门、电子喷射、液冷、汽油发动机
3	变速箱	CVT+低速挡+高速挡+空档+倒挡
4	整备质量/kg	690
5	有效载核/kg	685
6	整车/(长×宽×高)/mm³	2 880×1 760×1 900
7	最小离地间隙/mm	360
8	最小转弯半径/m	3.7
9	最高车速/(km·h⁻¹)	110
10	悬架类型	前/后:双摇臂独立悬挂
11	制动方式	前/后:双通风液压碟刹
12	轮胎参数/in	前轮:AT27×9-14;后轮:AT27×11-14
13	油箱容积/L	28
14	其他配置	前桥带差速/分动器/速度传感器;后桥带差速/差速锁;电喷、铝合金轮毂、E-mark状态、加拿大离合器、顶棚、挡风玻璃、EPS方向助力
15	选配	2 000kg拖力绞盘、拖勾

16.2　环松-HS1000UTV-2 全地形车

环松-HS1000UTV-2 全地形车产自中国,构造布局见图 16-2。该车型为单排三座车型,采用四冲程、V 型、双缸、电子喷射、液冷、汽油发动机;传动采用无极变速与 4×4 全轮驱动,带差速锁、2/4 驱转换功能;前、后轮采用双 A 臂独立悬挂,保障恶劣路况行驶稳定。该车型整备质量为 735 kg,车辆配置翻转货箱、安全带、防翻滚架、顶棚,挡风玻璃等。环松-HS1000UTV-2 全地形车主要性能指标见表 16-2。

▲ 图 16-2　环松-HS1000UTV-2 全地形车

表 16-2　环松-HS1000UTV-2 全地形车主要性能指标

序　号	项　　目	主要参数
1	驱动方式	4×4 全轮驱动
2	发动机	976cc/50kW、V型、双缸、四气门、电子喷射、液冷、汽油发动机
3	变速箱	CVT+低速挡+高速挡+空挡+倒挡
4	整备质量/kg	735
5	整车/(长×宽×高)/mm³	3 125×1 705×1 930
6	轴距/mm	2 160
7	最小离地间隙/mm	318
8	最小转弯半径/m	5.3
9	最高车速/(km·h⁻¹)	88
10	悬架类型	前/后:双摇臂独立悬挂
11	制动方式	前/后轮:双通风液压碟刹
12	轮胎参数/in	前轮:AT27×9-14;后轮:AT27×11-14
13	油箱容积/L	28
14	其他配置	前后桥带差速/差速锁;前桥带分动器/速度传感器;电喷、铝合金轮毂、顶棚、挡风玻璃、EPS方向助力
15	选配	2 000kg拖力绞盘、拖勾

16.3　环松-HS1000UTV-3 全地形车

环松-HS1000UTV-3 全地形车产自中国,构造布局见图 16-3。该车型为双排四座车型,采用四冲程、V型、双缸、电喷、液冷、汽油发动机;传动采用无极变速与 4×4 全轮驱动,带差速锁、2/4 驱转换功能;前、后轮采用双 A 臂独立悬挂,保障恶劣路况行驶稳定。该车型整备质量为 800 kg。车辆配置翻转货箱、安全带、防翻滚架、顶棚、挡风玻璃等。环松-HS1000UTV-3 全地形车主要性能指标见表 16-3。

▲ 图 16-3　环松-HS1000UTV-3 全地形车

表 16-3　环松-HS1000UTV-3 全地形车主要性能指标

序　号	项　目	主要参数
1	驱动方式	4×4全轮驱动
2	发动机	976cc/50kW,V型、双缸、四气门、电子喷射、液冷、汽机油发动机
3	变速箱	CVT+低速挡+高速挡+空挡+倒挡
4	整备质量/kg	800
5	整车/(长×宽×高)/mm³	3 590×1 660×1 960
6	最小离地间隙/mm	360
7	最高车速/(km·h⁻¹)	110
8	悬架类型	前/后:双摇臂独立悬挂
9	制动方式	前/后轮:双通风液压碟刹
10	轮胎参数/in	前轮:AT27×9-14;后轮:AT27×11-14
11	油箱容积/L	28
12	其他配置	前桥带差速/分动器/速度传感器;后桥带差速/差速锁;电喷、铝合金轮毂、顶棚、挡风玻璃、EPS方向助力
13	选配	2 000kg拖力绞盘、拖勾

16.4 环松-HS1000UTV-4全地形车

环松-HS1000UTV-4全地形车产自中国,构造布局见图16-4。该车型为双排六座车型,采用四冲程机、V型、双缸、电子喷射、液冷、汽油发动机;传动采用无极变速与4×4全轮驱动,带差速锁、2/4驱转换功能;前、后轮采用双A臂独立悬挂,保障恶劣路况行驶稳定。该车型整备质量为750 kg,车辆配置后货箱、安全带、防翻滚架、顶棚,挡风玻璃等。环松-HS1000UTV-4全地形车主要性能指标见表16-4。

▲ 图16-4 环松-HS1000UTV-4全地形车

表16-4 环松-HS1000UTV-4全地形车主要性能指标

序　号	项　目	主要参数
1	驱动方式	4×4全轮驱动
2	发动机	976 cc/50 kW;V型、双缸、四气门、电子喷射、液冷、汽油发动机
3	变速箱	CVT+低速挡+高速挡+空挡+倒挡
4	整备质量/kg	750
5	整车/(长×宽×高)/mm³	3 940×1 580×1 930
6	轴距/mm	2 970
7	最小离地间隙/mm	318
8	最高车速/(km·h⁻¹)	88
9	悬架类型	前/后:双摇臂独立悬挂
10	制动方式	前/后轮:双通风液压碟刹
11	轮胎参数/in	前轮:AT27×9-14;后轮:AT27×11-14
12	货箱内径/(长×宽×高)/mm³	900×1 200×280
13	油箱容积/L	28
14	其他配置	前后桥带差速/差速锁;前桥带分动器/速度传感器;电喷、铝合金轮毂、顶棚、挡风玻璃、EPS方向助力
15	选配	2 000 kg拖力绞盘、拖勾

16.5　环松-HS800UTV-3 全地形车

环松-HS800UTV-3 全地形车产自中国，构造布局见图 16-5。该车型为单排双座车型，采用四冲程、V 型、双缸、电子喷射、液冷、汽油发动机；传动采用无极变速与 4×4 全轮驱动，带差速锁、2/4 驱转换功能；前、后轮采用双 A 臂独立悬挂，保障恶劣路况行驶稳定。该车型整备质量为 582 kg。车辆配置后货箱、安全带、防翻滚架、顶棚，挡风玻璃等。环松-HS800UTV-3 全地形车主要性能指标见表 16-5。

▲ 图 16-5　环松-HS800UTV-3 全地形车

表 16-5　环松-HS800UTV-3 全地形车主要性能指标

序　号	项　目	主要参数
1	驱动方式	4×4 全轮驱动
2	发动机	800 cc/41kW；V 型、双缸、四气门、电子喷射、液冷、汽油发动机
3	变速箱	CVT+低速挡+高速挡+空挡+倒挡
4	整备质量/kg	582
5	整车/(长×宽×高)/mm³	2 700×1 520×1 840
6	轴距/mm	1 895
7	最小离地间隙/mm	260
8	最高车速/(km·h⁻¹)	103
9	悬架类型	前/后：双摇臂独立悬挂
10	制动方式	前/后轮：双通风液压碟刹
11	轮胎参数/in	前轮：AT27×8-12；后轮：AT27×10-12
12	油箱容积/L	30
13	其他配置	前桥带差速/分动器/速度传感器；后桥带差速/差速锁；电喷、铝合金轮毂、顶棚、挡风玻璃
14	选配	1 590kg 拖力绞盘、拖勾

16.6 环松-HS750UTV 全地形车

环松-HS750UTV 全地形车产自中国,构造布局见图 16-6。该车型为单排双座车型,采用四冲程、单缸、电子喷射、液冷、汽油发动机;传动采用无极变速与 4×4 全轮驱动,带差速锁、2/4 驱转换功能;前、后轮采用双 A 臂独立悬挂,保障恶劣路况行驶稳定。该车型整备质量为 638 kg。车辆配置后货箱、安全带、防翻滚架、顶棚,挡风玻璃等。环松-HS750UTV 全地形车主要性能指标见表 16-6。

▲ 图 16-6 环松-HS750UTV 全地形车

表 16-6 环松-HS750UTV 全地形车主要性能指标

序 号	项 目	主要参数
1	驱动方式	4×4全轮驱动
2	发动机	750 ml/28 kW,单缸、五气门、水冷、电子喷射、液冷、汽油发动机
3	变速箱	CVT+低速挡+高速挡+空挡+倒挡
4	整备质量/kg	638
5	整车/(长×宽×高)/mm³	2980×1550×1950
6	轴距/mm	1950
7	最小离地间隙/mm	310
8	最小转弯半径/m	3.9
9	最高车速/(km·h⁻¹)	65
10	悬架类型	前/后:双摇臂独立悬挂
11	制动方式	前/后轮:双通风液压碟刹
12	轮胎参数/in	前轮:AT26×9-14/后轮:AT26×11-14
13	货箱内径(长×宽×高)/mm³	800×1100×280
14	油箱容积/L	30
15	其他配置	前桥带差速/差速锁/分动器;后桥带差速/速度传感器;电喷、铝合金轮毂、E-mark状态、顶棚、挡风玻璃

16.7　环松-HS700UTV-8 全地形车

环松-HS700UTV-8 全地形车产自中国,构造布局见图 16-7。该车型为双排四座车型,采用四冲程、单缸、电子喷射、液冷、汽油发动机;传动采用无极变速与 4×4 全轮驱动,带差速锁、2/4 驱转换功能;前、后轮采用双 A 臂独立悬挂,保障恶劣路况行驶稳定。该车型整备质量为 781 kg。车辆配置翻转后货箱、安全带、防翻滚架、顶棚、挡风玻璃等。环松-HS700UTV-8 全地形车主要性能指标见表 16-7。

▲ 图 16-7　环松-HS700UTV-8 全地形车

表 16-7　环松-HS700UTV-8 全地形车主要性能指标

序　号	项　目	主要参数
1	驱动方式	4×4全轮驱动
2	发动机	686ml/25kW、单缸、五气门、电子喷射、液冷、汽油发动机
3	变速箱	CVT+低速挡+高速挡+空挡+倒挡
4	整备质量/kg	781
5	整车/(长×宽×高)/mm³	3 850×1 630×1 850
6	轴距/mm	2 860
7	轮距/mm	前1 350/后1 545
8	最小离地间隙/mm	295
9	最小转弯半径/m	3.9
10	最高车速/(km·h⁻¹)	75
11	悬架类型	前/后:双摇臂独立悬挂
12	制动方式	前/后轮:双通风液压碟刹
13	轮胎参数/in	前轮:AT25×8-12/后轮:AT25×10-12
14	油箱容积/L	28
15	其他配置	前桥带差速/差速锁/分动器;后桥带差速/速度传感器;电喷、加宽、钢轮(前轮:107 cm;后轮:103 cm)、万达轮胎25/25 in、川东减震、长兴离合器、顶棚、挡风玻璃、E-mark状态
16	选配	铝轮、1 590 kg拖力绞盘、拖勾、EPS方向助力

16.8 环松-HS5DUTV 全地形车

环松-HS5DUTV 全地形车产自中国,构造布局见图16-8。该车型为单排三座车型,采用12.7 kW·h/48 V 铅酸电池组与5 kW 电机提供动力来源;4×4 全轮驱动,带差速锁;前、后轮采用双A臂独立悬挂,保障恶劣路况行驶稳定。该车型整备质量为844.5 kg。车辆配后货箱、安全带、防翻滚架、顶棚、挡风玻璃等。环松-HS5DUTV 全地形车主要性能指标见表16-8。

▲ 图 16-8 环松-HS5DUTV 全地形车

表 16-8 环松-HS5DUTV 全地形车主要性能指标

序 号	项 目	主要参数
1	驱动方式	4×4全轮驱动
2	动力参数	21.8 N.m(max)
3	电机功率/kW	5
4	电池型号/重量	铅酸12.7 kW·h/48 V(6V×8个)/260 kg
5	充电时间	6~8 h
6	整备质量/kg	844.5
7	货箱装载质量/kg	227
8	整车/(长×宽×高)/mm³	2 800×1 550×1 900
9	轴距/mm	1 850
10	最小离地间隙/mm	310
11	最小转弯半径/m	4.425
12	最高车速/(km·h⁻¹)	40(H挡)、30(M挡)、15(L挡)、15(R挡)
13	悬架类型	前/后:双摇臂独立悬挂
14	制动方式	前/后轮:双通风液压碟刹
15	轮胎参数/in	前轮:AT25×8-12;后轮:AT25×10-12
16	货箱内径/(长×宽×高)/mm³	750×1040×290
17	其他配置	气囊减震、铝合金轮毂、25 in轮胎、挡风玻璃、顶棚
18	选配	1 590 kg拖力绞盘、拖勾、EPS方向助力

16.9 环松-HS5DUTV-3 全地形车

环松-HS5DUTV-3 全地形车产自中国,构造布局见图 16-9。该车型为单排三座车型,采用 12.7 kW·h/72 V 锂电池组与 5 kW 电机提供动力来源;4×4 全轮驱动,带差速锁;前、后轮采用双 A 臂独立悬挂,保障恶劣路况行驶稳定。该车型整备质量为 691kg。车辆配后货箱、安全带、防翻滚架、顶棚,挡风玻璃等。环松-HS5DUTV-3 全地形车主要性能指标见表 16-9。

▲ 图 16-9 环松-HS5DUTV-3 全地形车

表 16-9 环松-HS5DUTV-3 全地形车主要性能指标

序 号	项 目	主要参数
1	驱动方式	4×4 全轮驱动
2	动力参数	100 N·m(max)
3	电机功率/kW	5
4	电池型号/重量	锂电 12.7 kW·h/72 V 或 176 A·h/72 V;106.5 kg
5	充电时间	4.5~5h(从 15% 至 100%)
6	整备质量/kg	691
7	货箱装载质量/kg	227
8	整车/(长×宽×高)/mm³	2 800×1 550×1 900
9	轴距/mm	1850
10	最小离地间隙/mm	310
11	最小转弯半径/m	4.425
12	最高车速/(km·h⁻¹)	40(H挡)、30(M挡)、15(L挡)、15(R挡)
13	工况续航	120 km(M挡、20℃、平坦路面)
14	正常续航	75~80 km(越野路行驶)
15	悬架类型	前/后:双摇臂独立悬挂
16	制动方式	前/后轮:双通风液压碟刹
17	轮胎参数/in	前轮:AT25×8-12;后轮:AT25×10-12
18	货箱内径/(长×宽×高)/mm³	750×1 040×290
19	其他配置	挡风玻璃、顶棚
20	选配	1590 kg 拖力绞盘、拖勾、EPS 方向助力

16.10 环松-HS7DUTV-3 全地形车

环松-HS7DUTV-3 全地形车产自中国,构造布局见图 16-10。该车型为单排三座车型,采用 14.7 kW·h/72 V 锂电池组与 7.5 kW 电机提供动力来源;4×4 全轮驱动,带差速锁;前、后轮采用双 A 臂独立悬挂,保障恶劣路况行驶稳定。该车型整备质量为 758 kg。车辆配后货箱、安全带、防翻滚架、顶棚,挡风玻璃等。环松-HS7DUTV-3 全地形车主要性能指标见表 16-10。

▲ 图 16-10 环松-HS7DUTV-3 全地形车

表 16-10 环松-HS7DUTV-3 全地形车主要性能指标

序 号	项 目	主要参数
1	驱动方式	4×4全轮驱动
2	动力参数	120 N·m(max)
3	电机功率/kW	7.5
4	电池型号/重量	锂电 14.7 kW·h/72 V 或 204 A·h/72 V;114.7 kg
5	充电时间	4.5~5 h(从15%至100%)
6	整备质量/kg	758
7	货箱装载质量/kg	227
8	整车/(长×宽×高)/mm³	2 980×1 550×1 950
9	轴距/mm	1 950
10	最小离地间隙/mm	310
11	最小转弯半径/m	3.9
12	最高车速/(km·h⁻¹)	40(H挡)、30(M挡)、15(L挡)、15(R挡)
13	工况续航	120 km(M挡、20℃、平坦路面)
14	正常续航	75~80 km(越野路行驶)
15	悬架类型	前/后:双摇臂独立悬挂
16	制动方式	前/后轮:双通风液压碟刹
17	轮胎参数/in	前轮:AT26×9-14/后轮:AT26×11-14
18	货箱内径/(长×宽×高)/mm³	800×1 100×280
19	其他配置	挡风玻璃、顶棚
20	选配	1 590 kg拖力绞盘、拖勾、EPS方向助力

16.11　环松-HS1000ATV 全地形车

环松-HS1000ATV 全地形车产自中国,构造布局见图 16-11。该车型采用电喷、V 型双缸、水冷、四冲程、汽油发动机,传动采用无极变速与 4×4 全轮驱动,具有 2/4 驱转换功能,匹配前后双摇臂独独立悬挂系统,保障全地形通行能力;配置 EPS 助力转向,低速驾驶轻便。该车型整备质量为 460 kg,一体式双人竖列座椅,手把操纵。环松-HS1000ATV 全地形车主要性能指标见表 16-11。

▲ 图 16-11　环松-HS1000ATV 全地形车

表 16-11　环松-HS1000UTV 全地形车主要性能指标

序　号	项　目	主要参数
1	驱动方式	4×4 全轮驱动
2	发动机	976cc/48.5kW;V 型、双缸、水冷、四冲程、汽油发动机
3	变速箱	无极变速,全轮驱动/可切换两驱/自动差速锁
4	整备质量/kg	460
5	驾乘人数/人	2
6	整车/(长×宽×高)/mm³	2 660×1 300×1 420
7	最小离地间隙/mm	300
8	最小转弯直径/m	7
9	最高车速/(km·h⁻¹)	≤100
10	轴距/mm	1570
11	制动方式	前/后轮:双通风液压碟刹
12	悬架类型	前/后轮:双摇臂独立悬挂
13	油箱容积/L	20
14	轮胎参数/in	前轮:AT27×9-14;后轮:AT27×11-14

16.12 环松-HS800ATV-2全地形车

环松-HS800ATV-2全地形车产自中国,构造布局见图16-12。该车型采用V型、双缸、电喷、水冷、四冲程、汽油发动机,传动采用无极变速与4×4全轮驱动,具有2/4驱电控转换功能,匹配前轮双摇臂独立悬挂与后轮拖拽式独立悬挂系统,保障全地形通行能力;配置EPA电子助力转向,低速驾驶轻便。该车型整备质量为450 kg,一体式双人竖列座椅,手把操纵。环松-HS800ATV-2全地形车主要性能指标见表16-12。

▲ 图16-12 环松-HS800ATV-2全地形车

表16-12 环松-HS800ATV-2全地形车主要性能指标

序 号	项 目	主要参数
1	驱动方式	4×4全轮驱动
2	发动机	800cc/41kW;V型、双缸、水冷、四冲程、汽油发动机
3	变速箱	无极变速,全轮驱动/可切换两驱/差速锁
4	整备质量/kg	450
5	驾乘人数/人	2
6	整车/(长×宽×高)/mm³	2 510×1 220×1 390
7	最小离地间隙/mm	310
8	最小转弯直径/m	8
9	最高车速/(km·h⁻¹)	≤70
10	轴距/mm	1 490
11	制动方式	前/后轮:双通风液压碟刹
12	悬架类型	前悬挂类型:麦弗逊式独立悬架 后悬挂类型:拖拽式独立悬架
13	油箱容积/L	26
14	轮胎参数/in	前轮:AT 26×9-12/后轮:AT 26×10-12

16.13　环松－HS750ATV 全地形车

环松－HS750ATV 全地形车产自中国，构造布局见图 16-13。该车型采用单缸、电喷、水冷、四冲程、汽油发动机，传动采用无极变速与 4×4 全轮驱动，具有 2/4 驱转换功能，匹配前后双横臂独立悬挂系统，保障全地形通行能力；配置 EPA 电子助力转向，低速驾驶轻便。该车型整备质量为 378 kg，有效载荷为 205 kg。一体式双人竖列座椅，手把操纵。环松－HS750ATV 全地形车主要性能指标见表 16-13。

▲ 图 16-13　环松－HS750ATV 全地形车

表 16-13　环松－HS750ATV 全地形车主要性能指标

序　号	项　目	主要参数
1	驱动方式	4×4轮式驱动
2	发动机	750 cc/28 kW，单缸、水冷、四冲程、汽油发动机
3	变速箱	无极变速，全轮驱动/可切换两驱/差速锁
4	整备质量/kg	378
5	有效载荷/kg	205
6	驾乘人数/人	2
7	整车/(长×宽×高)/mm³	2 330×1 280×1 455
8	最小离地间隙/mm	295
9	最小转弯直径/m	7
10	最高车速/(km·h⁻¹)	≤90
11	轴距/mm	1 437
12	制动方式	前/后轮:双通风液压碟刹
13	悬架类型	双横臂独立悬架
14	油箱容积/L	13
15	轮胎参数/in	前轮:AT 26×8-12/后轮:AT 26×10-12

16.14　环松-HS700ATV-8全地形车

环松-HS700ATV-8全地形车产自中国,构造布局见图16-14。该车型采用单缸、电喷、水冷、四冲程、汽油发动机,传动采用无极变速与4×4全轮驱动,具有2/4驱转换功能,匹配前后双横臂独立悬挂系统,保障全地形通行能力;配置EPA电子助力转向,低速驾驶轻便。该车型整备质量为378 kg,有效载荷为205 kg。一体式双人竖列座椅,手把操纵。环松-HS700ATV-8全地形车主要性能指标见表16-14。

▲ 图16-14　环松-HS700ATV-8全地形车

表16-14　环松-HS700ATV-8全地形车主要性能指标

序　号	项　目	主要参数
1	驱动方式	4×4全轮驱动
2	发动机	686 cc/25 kW,单缸、水冷、四冲程、汽油发动机
3	变速箱	无极变速,全轮驱动/可切换两驱/差速锁
4	整备质量/kg	378
5	有效载荷/kg	205
6	驾乘人数/人	2
7	整车/(长×宽×高)/mm³	2 330×1 280×1 455
8	最小离地间隙/mm	295
9	最小转弯直径/m	7
10	最高车速/(km·h⁻¹)	≤70
11	轴距/mm	1 437
12	制动方式	前/后轮:双通风液压碟刹
13	悬架类型	双横臂独立悬架
14	油箱容积/L	13
15	轮胎参数/in	前轮:AT 26×8-12/后轮:AT 26×10-12

16.15　环松-HS700ATV-4全地形车

环松-HS700ATV-4全地形车产自中国，构造布局见图16-15。该车型采用单缸、电喷、水冷、四冲程、汽油发动机，传动采用无极变速与4×4全轮驱动，具有2/4驱转换功能，匹配前后双横臂独立悬挂系统，保障全地形通行能力；配置EPS电子助力转向，低速驾驶轻便。该车型整备质量为319 kg，一体式双人竖列座椅，手把操纵。环松-HS700ATV-4全地形车主要性能指标见表16-15。

▲ 图16-15　环松-HS700ATV-4全地形车

表16-15　环松-HS700ATV-4全地形车主要性能指标

序　号	项　目	主要参数
1	驱动方式	4×4全轮驱动
2	发动机	686cc/25kW，单缸、电子喷射、水冷、四冲程、汽油发动机
3	变速箱	无极变速，全轮驱动/可切换两驱/差速锁
4	整备质量/kg	319
5	驾乘人数/人	2
6	整车/(长×宽×高)/mm³	2 250×1 280×1 225
7	最小离地间隙/mm	260
8	最小转弯直径/m	7
9	最高车速/(km·h⁻¹)	≤70
10	轴距/mm	1 365
11	制动方式	前/后轮:双通风液压碟刹
12	悬架类型	双横臂独立悬架
13	油箱容积/L	17
14	轮胎参数/in	前轮:AT26×8-12/后轮:AT25×10-12
15	选配	铝轮、后视镜、后靠背、2 500 lb绞盘、拖球、护手、EPS方向助力、挡风

16.16　环松-HS550ATV 全地形车

环松-HS550ATV 全地形车产自中国,构造布局见图 16-16。该车型采用单缸、电喷、水冷、四冲程、汽油发动机,传动采用无极变速与4×4全轮驱动,具有 2/4 驱转换功能,匹配前后双横臂独立悬挂系统,保障全地形通行能力;配置 EPS 电子助力转向,低速驾驶轻便。该车型整备质量为 378 kg,一体式双人竖列座椅,手把操纵。环松-HS550ATV 全地形车主要性能指标见表 16-16。

▲ 图 16-16　环松-HS550ATV 全地形车

表 16-16　环松-HS550ATV 全地形车主要性能指标

序　号	项　　目	主要参数
1	驱动方式	4×4全轮驱动
2	发动机	546 cc/18 kW,单缸、电子喷射、水冷、四冲程、汽油发动机
3	变速箱	无极变速,全轮驱动/可切换两驱/差速锁
4	整备质量/kg	378
5	驾乘人数/人	2
6	整车/(长×宽×高)/mm³	2 300×1 460×850
7	最小离地间隙/mm	295
8	最小转弯直径/m	7
9	最高车速/(km·h⁻¹)	≤80
10	轴距/mm	1 437
11	制动方式	前/后轮:双通风液压碟刹
12	悬架类型	双横臂独立悬架
13	油箱容积/L	13
14	轮胎参数/in	前轮:AT 26×8-12/后轮:AT 26×10-12
15	选配	绞盘、拖球、EPS方向助力

16.17　环松-HS500ATV-4全地形车

环松-HS500ATV-4全地形车产自中国,构造布局见图16-17。该车型采用单缸、电子喷射、水冷、四冲程、汽油发动机,传动采用无极变速与4×4全轮驱动,具有2/4驱转换功能,匹配前后双横臂独立悬挂系统,保障全地形通行能力;配置EPS电子助力转向,低速驾驶轻便。该车型整备质量为319kg,一体式双人竖列座椅,手把操纵。环松-HS500ATV-4全地形车主要性能指标见表16-17。

▲ 图 16-17　环松-HS500ATV-4全地形车

表 16-17　环松-HS500ATV-4全地形车主要性能指标

序 号	项 目	主要参数
1	驱动方式	4×4全轮驱动
2	发动机	471cc/17.5kW;单缸、电子喷射、水冷、四冲程、汽油发动机
3	变速箱	无极变速;全轮驱动/可切换两驱/差速锁
4	整备质量/kg	319
5	驾乘人数/人	2
6	整车/(长×宽×高)/mm³	2 250×1280×1225
7	最小离地间隙/mm	260
8	最小转弯直径/m	7
9	最高车速/(km·h⁻¹)	≤70
10	轴距/mm	1365
11	制动方式	前/后轮:双通风液压碟刹
12	悬架类型	双横臂独立悬架
13	油箱容积/L	17
14	轮胎参数/in	前轮:AT26×8-12;后轮:AT26×10-12
15	选配	铝轮、后视镜、后靠背、绞盘、拖球、护手、EPS方向助力、挡风

16.18　环松-HS400ATV-7全地形车

环松-HS400ATV-7全地形车产自中国,构造布局见图16-18。采用单缸、电子喷射、水冷、四冲程、汽油发动机,传动采用无极变速与4×4全轮驱动,具有2/4驱转换功能,匹配前后双横臂独立悬架系统,保障全地形通行能力;配置EPS电子助力转向,低速驾驶轻便。整备质量为319kg,一体式双人竖列座椅,手把操纵。环松-HS400ATV-7全地形车主要性能指标见表16-18。

▲ 图 16-18　环松-HS400ATV-7全地形车

表 16-18　环松-HS400ATV-7全地形车主要性能指标

序　号	项　目	主要参数
1	驱动方式	4×4全轮驱动
2	发动机	393cc/16kW,单缸、电子喷射、水冷、四冲程、汽油发动机
3	变速箱	无极变速,全轮驱动/可切换两驱/差速锁
4	整备质量/kg	319
5	驾乘人数/人	2
6	整车/(长×宽×高)/mm³	2250×1280×1225
7	最小离地间隙/mm	260
8	最小转弯直径/m	7
9	最高车速/(km·h⁻¹)	≤70
10	轴距/mm	1365
11	制动方式	前/后轮:双通风液压碟刹
12	悬架类型	双横臂独立悬架
13	油箱容积/L	17
14	轮胎参数/in	前轮:AT25×8-12;后轮:AT25×10-12
15	选配	铝轮、后视镜、后靠背、2500lb绞盘、拖球、护手、EPS方向助力、挡风

第17章 嘉陵系列全地形车

17.1 嘉陵 4×4-A 全地形车

嘉陵 4×4-A 全地形车产自中国，构造布局见图 17-1。该车型单排三座车型，采用直列、四缸、四冲程、涡轮增压、中冷柴油发动机增程；传动采用无极变速与 4×4 全轮驱动，带差速锁、2/4 驱转换功能；前后双 A 臂独立悬架。该车型整备质量为 950 kg，有效载荷为 600 kg。车辆配置后货箱、安全带、防翻滚架、顶棚、风挡、雨刮等。嘉陵 4×4-A 全地形车主要性能指标见表 17-1。

▲ 图 17-1 嘉陵 4×4-A 全地形车

表 17-1 嘉陵 4×4-A 全地形车主要性能指标

序 号	项 目	主要参数
1	驱动方式	4×4全轮驱动
2	发动机	50kW/130N·m，1.3t直列、四缸、四冲程、涡轮增压、中冷柴油发动机增程
3	变速箱	CVT+H/L/N/R
4	主减速器	带差速锁的前后差速器
5	整备质量/kg	950
6	牵引质量/kg	300
7	有效载荷/kg	600
8	整车/(长×宽×高)/mm³	3 170×1 670×1 880
9	轴距/mm	1 940
10	最小转弯半径/m	6
11	最小离地间隙/mm	230
12	悬架类型	前：双A臂+226mm车轮行程 后：双A臂+185mm车轮行程
13	制动类型	前/后轮：盘式卡钳制动器
14	轮胎参数/in	前轮：AT27×12-14/后轮：AT27×12-14
15	油箱容积/L	30

17.2 嘉陵4×4-B全地形车

嘉陵4×4-B全地形车产自中国,构造布局见图17-2。该车型为单排三座车型,采用直列、四缸、四冲程、涡轮增压、中冷柴油发动机;传动采用无极变速与4×4全轮驱动,带差速锁、2/4驱转换功能;前后双A臂独立悬架。该车型整备质量950 kg,有效载荷为650 kg。车辆配置后货箱、前部载荷平台、安全带、防翻滚架、顶棚、风挡、雨刮等。嘉陵4×4-B全地形车主要性能指标见表17-2。

▲ 图 17-2 嘉陵 4×4-B 全地形车

表 17-2 嘉陵 4×4-B 全地形车主要性能指标

序 号	项 目	主要参数
1	驱动方式	4×4全轮驱动
2	发动机	50 kW/130 N·m,1.3 t直列、四缸、四冲程、涡轮增压、中冷柴油发动机
3	变速箱	CVT+H/L/N/R
4	主减速器	带差速锁的前后差速器
5	整备质量/kg	950
6	牵引质量/kg	300
7	有效载荷/kg	650
8	整车/(长×宽×高)/mm³	3 170×1 670×1 880
9	轴距/mm	1940
10	最小转弯半径/m	6
11	最小离地间隙/mm	230
12	悬架类型	前:双A臂+226 mm车轮行程 后:双A臂+185 mm车轮行程
13	制动类型	前/后轮:盘式卡钳制动器
14	轮胎参数/in	前轮:AT27×12-14/后轮:AT27×12-14
15	油箱容积/L	30

17.3　嘉陵 6×6-A 混合动力全地形车

嘉陵 6×6-A 混合动力全地形车产自中国,构造布局见图 17-3。该车型为单排双座车型,采用直列、四缸、四冲程、涡轮增压、中冷柴油发动机,锂电池组供电。陆地双电机 8×8 全轮驱动、水上喷管驱动为具有水陆两栖行驶能力。该车型整备质量为 1 800 kg,装载质量 1 700 kg。车辆配置后载荷平台、安全带、防翻滚架、顶棚、风挡、雨刮、电动绞盘等。嘉陵 6×6-A 混合动力全地形车主要性能指标见表 17-3。

▲ 图 17-3　嘉陵 6×6-A 混合动力全地形车

表 17-3　嘉陵 6×6-A 混合动力全地形车主要性能指标

序　号	项　　目	主要参数
1	驱动方式	4×4 全轮驱动
2	发动机	65 kW/200 N·m,1.3 t 直列、四缸、四冲程、涡轮增压、中冷柴油发动机
3	变速箱	电机减速箱+轮边减速箱
4	驱动电池	锂电 540 V/8 kW·h
5	整备质量/kg	1 800
6	牵引质量/kg	500
7	有效载荷/kg	1 700
8	整车/(长×宽×高)/mm³	4 100×1 800×1 980
9	轴距/mm	1,2 轴/1 020;1,3 轴/2 040
10	最小转弯半径/m	4/具有中心转向功能
11	最小离地间隙/mm	250
12	最高车速/(km·h⁻¹)	陆上:80/水上:7(喷管推进器)
13	制动类型	盘式卡钳制动器
14	轮胎参数/in	AT 31×12-16(泄气可用斜交胎)
15	油箱容积/L	75

17.4　嘉陵 6×6-B 混合动力全地形车

嘉陵 6×6-B 混合动力全地形车产自中国,构造布局见图 17-4。该车型为前双座、后 4 座车型,采用直列、四缸、四冲程、涡轮增压、中冷柴油发动机,锂电池组供电。陆地双电机 6×6 全轮驱动、水上喷管驱动,具有水陆两栖行驶能力。该车型整备质量为 2 400 kg,有效载荷为 1 100 kg。车辆配置后乘员舱、安全带、防翻滚架、顶棚、风挡、雨刮、电动绞盘等。嘉陵 6×6-B 混合动力全地形车主要性能指标见表 17-4。

▲ 图 17-4　嘉陵山猫 6×6-B 混合动力全地形车

表 17-4　嘉陵山猫 6×6-B 混合动力全地形车主要性能指标

序　号	项　目	主要参数
1	驱动方式	4×4全轮驱动
2	发动机	65 kW/200 N·m,1.3 t直列、四缸、四冲程、涡轮增压、中冷柴油发动机
3	变速箱	电机减速箱+轮边减速箱+轴传动
4	驱动电池	锂电540 V/8 kW·h
5	整备质量/kg	2400
6	牵引质量/kg	500
7	有效载荷/kg	1100
8	整车/(长×宽×高)/mm³	4100×1800×1980
9	轴距/mm	1,2轴/1020;1,3轴/2040
10	最小转弯半径/m	4/具有中心转向功能
11	最小离地间隙/mm	250
12	最高车速/(km·h⁻¹)	陆上:80/水上7(喷管推进器)
13	制动类型	前/后轮:盘式卡钳制动器
14	轮胎参数/in	前/后轮:AT31×12-16(泄气可用斜交胎)
15	油箱容积/L	75

17.5　嘉陵 8×8 全地形车

嘉陵 8×8 全地形车产自中国，构造布局见图 17-5。该车型为前双座、后4 座车型，采用直列、四缸、四冲程、涡轮增压、中冷柴油发动机，嘉陵 8×8 全轮驱动、水上车轮划水/螺旋桨驱动，具有水陆两栖行驶能力。该车型整备质量为 1 750 kg，有效载荷为 1 100 kg。车辆配置后乘员舱、安全带、防翻滚架、暖风、顶棚、风挡、雨刮、电动绞盘等。嘉陵 8×8 全地形车主要性能指标见表 17-5。

▲ 图 17-5　嘉陵 8×8 全地形车

表 17-5　嘉陵 8×8 全地形车主要性能指标

序　号	项　目	主要参数
1	驱动方式	4×4全轮驱动
2	发动机	64kW/190N·m；1.4t直列、四缸、四冲程、涡轮增压、中冷柴油发动机
3	变速箱	5MT
4	传动	行星式无极双流+链条
5	整备质量/kg	1 750
6	牵引质量/kg	400
7	有效载荷/kg	1 100
8	整车/(长×宽×高)/mm³	3 900×1 800×1 500
9	轴距/mm	1,2轴/753；1,3轴/1516；1,4轴/2279
10	最小转弯半径/m	6/具有中心转向功能
11	最小离地间隙/mm	250
12	最高车速/(km·h^{-1})	前/后轮：陆上60/水上3(车轮)8/(螺旋桨推进)
13	制动类型	前/后轮：盘式卡钳制动器
14	轮胎参数/in	AT27×12-14超低压轮胎
15	油箱容积/L	80

第18章 林海系列全地形车

18.1 林海LH400CUV全地形车

林海LH400CUV全地形车产自中国,构造布局见图18-1。该车型为单排双座车型,采用四冲程、液冷、汽油发动机;传动采用无极变速与4×4全轮驱动,具有2/4驱转换功能;前轮麦弗逊独立悬架、后轮双A臂独立悬架。该车型整备质量为516 kg,有效载荷为300 kg。车辆配置安全带、防翻滚架、顶棚,后部大货箱等。林海LH400CUV全地形车主要性能指标见表18-1。

▲ 图18-1 林海LH400CUV全地形车

表18-1 林海LH400CUV全地形车主要性能指标

序号	项目	主要参数
1	驱动方式	4×4全轮驱动
2	发动机	LH180MQ,四冲程、液冷、汽油发动机
3	变速箱	无极变速
4	整备质量/kg	516
5	有效载荷/kg	300
6	整车/(长×宽×高)/mm³	2 683×1 460×1 890
7	轴距/mm	1 805
8	最小转弯半径/m	4.5
9	最小离地间隙/mm	170
10	悬架类型	前:麦弗逊独立悬架;后:双A臂独立悬架
11	制动方式	前/后轮:液压盘式制动
12	轮胎参数/in	前轮:AT25×8-12/后轮:AT24×10-12
13	油箱容积/L	26
14	其他配置	燃油表、小时表、油温灯、驻车制动灯

18.2　林海 LH700U 全地形车

林海 LH700U 全地形车产自中国,构造布局见图 18-2。该车型为单排双座车型,采用四冲程、液冷、汽油发动机;传动采用无极变速与 4×4 全轮驱动,具有 2/4 驱转换功能;前轮双 A 臂独立悬架、后轮独立悬架。该车型整备质量为 550 kg,有效载荷为 331 kg,牵引质量为 680 kg。车辆配置安全带、防翻滚架、前保险杠、顶棚,后部大货箱等。林海 LH700U 全地形车主要性能指标见表 18-2。

▲ 图 18-2　林海 LH700U 全地形车

表 18-2　林海 LH700U 全地形车主要性能指标

序　号	项　目	主要参数
1	驱动方式	4×4全轮驱动
2	发动机	LH1102U,四冲程、液冷、汽油发动机
3	变速箱	无极变速
4	整备质量/kg	550
5	有效载荷/kg	331(货箱承载181)
6	整车/(长×宽×高)/mm³	3 018×1 520×1 905
7	轴距/mm	1930
8	最小转弯半径/m	4.3
9	最小离地间隙/mm	280
10	悬架类型	前:双A臂独立悬架+151 mm行程 后:独立悬架+146 mm行程
11	制动方式	前/后轮:液压盘式制动
12	轮胎参数/in	前轮:AT26×9-14/后轮:AT26×10-14
13	油箱容积L	35
14	其他配置	燃油表、小时表、油温灯、驻车制动灯、EPS电子助力转向、电动绞盘、前挡风玻璃、后挡风、防护网

18.3　林海LH800U-2D全地形车

林海LH800U-2D全地形车产自中国,构造布局见图18-3。该车型为单排双座车型,采用四冲程、液冷、柴油发动机;传动采用无极变速与4×4全轮驱动,具有2/4驱转换功能;前轮双A臂独立悬架、后轮独立悬架。该车型整备质量为700 kg,有效载荷为550 kg,牵引质量为680 kg。车辆配置安全带、防翻滚架、前保险杠、顶棚、挡风玻璃,后部大货箱等。林海LH800U-2D全地形车主要性能指标见表18-3。

▲ 图18-3　林海LH800U-2D全地形车

表18-3　林海LH800U-2D全地形车主要性能指标

序　号	项　目	主要参数
1	驱动方式	4×4全轮驱动
2	发动机	Perkins403D-07,四冲程、液冷、柴油发动机
3	变速箱	无极变速
4	整备质量/kg	700
5	有效载荷/kg	550(货箱承载400)
6	整车/(长×宽×高)/mm^3	3 018×1 520×1 905
7	轴距/mm	1 930
8	最小转弯半径/m	4.3
9	最小离地间隙/mm	280
10	悬架类型	前:双A臂独立悬架+151 mm行程 后:独立悬架+146 mm行程
11	制动方式	前/后轮:液压盘式制动
12	轮胎参数/in	前轮:AT26×9-14;后轮:AT26×10-14
13	油箱容积/L	35
14	其他配置	燃油表、小时表、油温灯、驻车制动灯、EPS电子助力转向、电动绞盘、前挡风玻璃、后挡风、防护网